Elvira Werkman

Vögel und die Liebe

Gedruckt auf
100% Recyclingpapier

Elvira Werkman

Vögel und die Liebe

Mit Illustrationen von
Stef den Ridder

Aus dem Niederländischen
von Stephanie Wloch

pala verlag

Für alle, die ich liebe

Inhalt

Vorwort

»Eigentlich bin ich viel männlicher als Du«, warf mir neulich ein befreundeter Kollege an den Kopf und zählte dann die harten Fakten auf: »Ich habe vier Kinder mit zwei Frauen, und Du bist jetzt bei der dritten Frau und hast nur zwei Kinder.« In seiner Argumentation sind die Zahlen korrekt, aber dadurch wird meiner Ansicht nach das eine nicht unbedingt besser als das andere. Innerhalb unserer Spezies, *Homo sapiens,* folgte jeder seiner individuellen Fortpflanzungsstrategie, die sich übrigens von der artspezifischen monogamen Fortpflanzung unterscheidet. Wenn man es richtig macht, genügt ein Partner für eine erfolgreiche Fortpflanzung.

Seit meiner Kindheit beobachte ich Vögel. Mein Hobby wurde zu meiner Arbeit und Vögel faszinieren mich nach wie vor. Vögel sind nicht anders als Menschen. Jede Art hat ihr eigenes Liebesleben mit entsprechenden Balzritualen und Strategien zur Partnerwahl. Die eine Art zieht ihre Jungen in einer Kolonie groß, die andere Art nistet solitär im eigenen Territorium. Trotzdem denke ich, dass Vögel nicht nur Exemplare einer Art sind, sondern dass jeder Vogel ein Individuum ist, das individuelle Entscheidungen trifft.

Wissenschaftler und Naturschützer schrecken im Allgemeinen davor zurück, Tieren Emotionen zuzugestehen, denn es ist einfach unmöglich, zu kontrollieren, was ein Tier wirklich denkt und fühlt. Aber wenn ich die Kohlmeisen an einer Futterstelle beobachte, fallen mir sowohl durchsetzungsstarke als auch unterwürfige Meisen auf. Dieses Verhalten könnte man mit der Konstitution des jeweiligen Vogels erklären. Aber es gibt auch zurückhaltende Exemplare, im Vergleich zu den opportunistischen Meisen, die schnell neue Nahrungsquellen ausprobieren und sich sogar trauen, aus Menschenhand zu fressen. Das liegt dann im Naturell des Individuums. Viele Verhaltensweisen der Tiere sind instinktgesteuert, das restliche Verhalten ist entweder erlernt oder das Ergebnis individueller Entscheidungen. Angst ist beispielsweise ein lebenswichtiges Gefühl: Wie viel riskiere ich für diese Nahrungsquelle oder für diesen potenziellen Partner?

Den Vögeln werden alle möglichen Eigenschaften zugeschrieben, die von den Menschen hoch geschätzt werden, wie Freiheit, Weisheit und Treue. Aber entspricht das der Wirklichkeit? Elvira Werkman traut sich, ein Arbeitsfeld zu betreten, das nur wenige vor ihr erkundet haben. Sie führt den Leser in den Grenzbereich zwischen Wissenschaft und Emotion. Wo ist die Trennlinie zwischen Fortpflanzungsstrategie und Liebe? Lesen Sie ihre Erkenntnisse und bilden Sie sich Ihr eigenes Urteil; über die Vögel um Sie herum und vielleicht sogar über sich selbst.

Jip Louwe Kooijmans

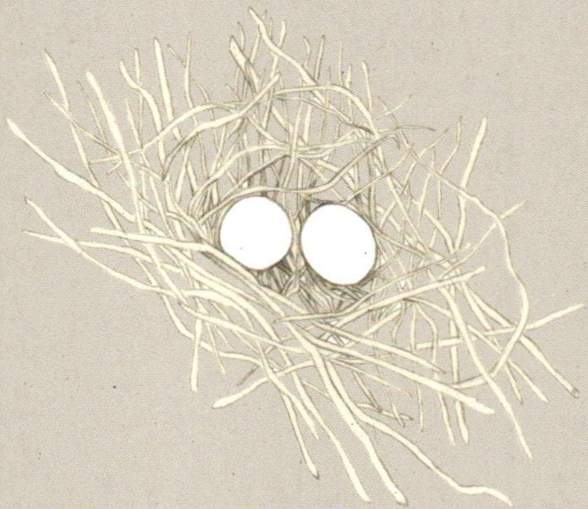

Tagebuchauszug 7. August

Vogelinsel

Tausende und Abertausende von Vögeln zusammen auf einem kleinen Felsen im Meer. Eine Insel, die man in weniger als einer Stunde zu Fuß umwandern kann. Zumindest wenn man zügig geht und nicht bei den vielen brütenden Vögeln haltmacht. Fast jeder Zentimeter wird genutzt. Dreizehenmöwen, Papageientaucher, Tordalken, Trottellummen und Krähenscharben. Man hört und riecht nur noch brütende Vögel. Eine durchdringende Mischung aus frischem Fisch, Ammoniak und salzhaltiger Luft. Der intensive Geruch dringt tief in meine Haut, meine Haare und meine Kleidung. Dies ist die unbewohnte Insel Hornøya in der Barentssee im äußersten Nordosten Norwegens. Einer der schönsten Orte, die ich kenne, der Varangerfjord. Mittlerweile mein dritter Besuch, aber ich finde es immer noch wunderbar dort. Was für ein großartiges Paradies für Vogelliebhaber. Und so viel Platz und Weite. Hier würde ich gerne leben. Ein Campingplatz wird zum Verkauf angeboten, habe ich gesehen …

Von der Hafenstadt Vardø fahren wir mit einem Fischerboot in zwanzig Minuten nach Hornøya. Der Fischer will wissen, wann er uns abholen soll. »Wann ist die allerletzte Möglichkeit?« Das soll um halb vier Uhr nachmittags sein. Gut, dann haben wir fünf Stunden auf der Insel. Das sollte reichen, denke ich.

Über einen schmalen Pfad bahnen wir uns einen Weg zwischen den Vögeln. Die Kinder gucken sich die Augen aus dem Kopf. Normalerweise herrscht keine Einigkeit unter meinen drei Sprösslingen, aber jetzt sind sie einer Meinung: So viele Vögel auf einmal haben sie noch nie gesehen. Und: Bei allen dreien ist jetzt der Papageientaucher die Nummer 1 in der Vogel-Top-Ten, meldet mir der Älteste, während wir einen Papageientaucher, der einige kleine Fische im Schnabel hat, bewundern. Nur zwei Meter von uns entfernt. Der Papageientaucher schaut kurz zurück und taucht dann in seine Nisthöhle ab.

Die Zeit scheint doch zu knapp zu sein. Wir haben noch nicht genug vom Fotografieren, der Mittlere nimmt noch schnell ein Video auf, und die letzten leeren Seeigel-Gehäuse werden als Souvenir in die Tasche gesteckt, als sich der rote Punkt, das Fischerboot, nähert.

Noch auf der Bank der Schiffskajüte habe ich die wilde Kakofonie der Vogelrufe in meinen Ohren. Schräg auf der Bank hängend versuche ich, die Insel in einem letzten Bild einzufangen. Das funktioniert nicht wirklich, zu viel Spritzwasser hinter dem Boot, und dann beginnt es noch, zu nieseln. Die Insel wird jetzt schnell immer kleiner und kleiner. Dann drehe ich mich um und schaue die Kinder an: glühende Wangen, zerzauste Haare, zufriedener Blick, Taschen voller gefundener »Schätze« fest im Griff. So sieht also das Glück aus, schießt es mir durch den Kopf, und ich mache ein Foto. Ich kann fühlen, wie meine eigenen Wangen nachglühen. Zufrieden lehne ich mich zurück und atme tief ein. Es wird sicher noch eine Weile dauern, bis der Geruch verfliegt.

Gefiederte Charakterköpfe

Ob man in der Stadt wohnt oder auf dem Lande: Vögel sind überall. Sie müssen nicht unbedingt auf eine Vogelinsel fahren, um sie zu bewundern. Amseln, Tauben, Spatzen, Enten … Wunderbare, faszinierende Wesen, die in Ihrem Garten leben oder dicht über Ihrem Kopf hinwegfliegen, wenn Sie über den Markt schlendern. Sie sind so nah und doch gibt es noch so vieles, was wir nicht über sie wissen. Was geht in ihren Köpfen vor? Man könnte meinen, dass es nicht unbedingt viel ist, denn sie haben schließlich nur winzige Gehirne. Aber sprechen Sie einmal mit einem Ornithologen, der schon jahrzehntelang eine bestimmte Vogelart beobachtet. Dann werden Sie Geschichten über Gefühle und starke soziale Bindungen hören und sogar das Wort »Liebe« nehmen einige Vogelkundler in den Mund. Sie sprechen über Individuen und geben ihnen Namen. Ihren Goldfisch taufen Sie Nemo und Ihren Kanarienvogel Tweety, aber eine Amsel im Garten ist nur eine unter vielen. Außer wenn Sie sich die Zeit nehmen, sie kennenzulernen.

> *»Abgeleitet vom lateinischen Namen Turdus merula nannte ich ihn Turi und sein Weibchen Meri. Von Anfang an flötete ich immer einen Lockruf, wenn ich Rosinen streute. Laut Iwan Petrowitsch Pawlow hatte ich bei diesen Vögeln erfolgreich die klassische Konditionierung angewandt. Denn sobald ich flötete, flogen die Amseln in freudiger Erwartung zu mir.«*
>
> Aus: Mereldagboek (Amsel-Tagebuch), Hay Wijnhoven

Das Erkennen von Vogelindividuen beschränkt sich jedoch nicht auf Gartenvögel. Viele Feldornithologen erkennen im Laufe der Zeit »ihre« Vögel. So sieht der Gänseforscher Berend Voslamber, der fast sein halbes Leben lang Graugänse im Ooijpolder (östlich der niederländischen Stadt Nijmegen) beobachtet, schon von Weitem, welche Gans dort gerade unterwegs ist. »Ich weiß auch nicht genau, woran ich das erkenne. Wie erkennen wir Menschen uns? Ich achte oft auf das Gesamtbild und nicht auf Details, obwohl die natürlich eine Rolle spielen. Für das ungeübte Auge sehen alle Gänse gleich aus, aber wenn man sie oft beobachtet und auch oft welche in den Händen hatte – wie ich bei den Beringungen –, dann sieht man die Unterschiede. Für uns sind das feine Unterschiede, aber die Tiere erkennen sich problemlos untereinander. Es gibt Gänse mit aufrechtem Gang und Gänse mit einer eher geduckten Haltung. Sie haben einen ausgeprägten eigenen Charakter und sind richtige Persönlichkeiten. Auch während der Beringung spüre ich die Unterschiede. Während die eine nach der Prozedur direkt Richtung Wasser sprintet, entfernt sich die andere in aller Seelenruhe. Aber ich habe auch schon ein Exemplar erlebt, das sich erst umdrehte, mir ein paar Flügelhiebe verpasste und dann zum Wasser lief. Nach dem Motto: Was willst du denn von mir, du blöder Ganter!«

Es dürfte deutlich sein: Kein Vogel ist wie der andere. Jeder Vogel hat eine eigene Persönlichkeit und eigene »Charakterzüge« und kann demzufolge auch individuelle Entscheidungen treffen. Merel Burgering, Doktorandin der Neuropsychologie und Verhaltensbiologie, bemerkt dazu, dass die Persönlichkeit genauso festgelegt ist wie die Flügelfarbe: »Jedes Tier und jeder Mensch, egal wie klein oder wie jung, hat eine Persönlichkeit, die in der Regel bereits genetisch festgelegt ist.« Vögel haben Wesenszüge, die den einen Zebrafinken vom anderen unterscheiden. Ein abenteuerlustiger Zebrafink wird in einer neuen Umgebung sofort auf Entdeckungstour gehen, während ein schüchterner Vogel erst einmal ruhig im Hintergrund abwartet. Und Zebrafinkenweibchen scheinen nicht einfach den erstbesten Partner zu nehmen, sondern erweisen sich als recht wählerisch. Sie suchen einen Partner, der zu ihnen passt, und das muss nicht unbedingt derjenige mit den schönsten Federn sein. Persönlichkeit finden sie wichtiger: Abenteuerlustige Zebrafinken wählen einen abenteuerlustigen Partner.

Studien an Kohlmeisen kommen zu dem gleichen Ergebnis. Die Wissenschaftler des Niederländischen Instituts für Ökologie in Wageningen (NIOO-KNAW) haben diesbezüglich die Begriffe »Macho« und »Kundschafter« geprägt. Der Macho ist die dreiste Kohlmeise, die sich ganz nah an die Aufnahmegeräte der Wissenschaftler herantraut und die lange Lieder mit einem schnellen Rhythmus singt. Der Kundschafter ist vorsichtiger, sitzt weiter weg und singt langsamer, aber dafür abwechslungsreicher. Die schnellen, dreisten Machos besetzen die besten Reviere und sind schnell, aber schludrig bei der Futtersuche. Sie konzentrieren sich auf eine einzige Nahrungsquelle, was nur funktioniert, wenn davon ausreichend vorhanden ist. Die vorsichtigen Vögel sind zwar gründlicher bei der Nahrungssuche, aber ihre Reviere sind nicht so ergiebig.

Ungefähr 50 Prozent der Persönlichkeit ist erblich bedingt, die andere Hälfte wird von Umweltfaktoren beeinflusst. Diese individuellen Unterschiede können die Überlebenschancen erhöhen. Und sie beeinflussen die Partnerwahl.

So viele Vögel, so viele Lieben

Da Vögel, genau wie Menschen, auch Individuen mit eigenen Interessen sind, ist die Tatsache, dass es in der Vogelwelt viele Ehekonzepte gibt, keine echte Überraschung. Ungefähr bis in die 1980er-Jahre wurden Vögel jedoch nicht als Individuen betrachtet, und es herrschte auch ein ziemlich traditionelles Bild von der »Vogelehe« vor. So schrieb der führende Evolutionsbiologe David Lack im Jahr 1968: »Gut neun Zehntel (93 Prozent) aller Singvogelarten sind normalerweise monogam. Polyandrie ist unbekannt.« Aber wir dachten auch lange Zeit, dass die Erde eine flache Scheibe wäre.

Dank DNA-Tests wissen wir heute, dass diverse Arten wenig von Treue halten: Sie lassen sich zu sexuellen Eskapaden hinreißen. Vor allem bei kleineren Singvögeln werden außerpaarliche Kopulationen beobachtet. Im Klartext: Sie gehen fremd. Bekannte – gründlich erforschte – Beispiele dafür findet man bei Meisenarten, Heckenbraunellen und Zebrafinken. Je nach Art kann fast die Hälfte der Jungen von einem anderen Männchen stammen als von jenem sozialen Vater, der sie füttert. Wir wissen mittlerweile mehr über die Paarbildung, weil die Vögel heutzutage oft mit farbigen Ringen an Läufen und im Halsbereich gekennzeichnet werden. Dadurch lassen sich Individuen problemlos erkennen und man weiß daher genau, dass Piet hier ein Nest mit Sarah und zwei Kilometer weiter auch eins mit Eva hat.

Eigentlich läuft es darauf hinaus: Alle Arten von Beziehungen, die wir Menschen erfunden haben, kommen auch bei Vögeln vor. Ein Paar fürs Leben, Haremsverhalten, ein Verhältnis mit dem Nachbarn, jedes Nest eine neue Liebe, gleichgeschlechtliche Ehe … Man findet die ganze Bandbreite. Jede Vogelart hat ihre eigene Strategie, aber auch innerhalb einer Art variiert diese, je nach den Umständen, individuellen Entscheidungen oder aus unbekannten Gründen. »Vögel treffen, genau wie Menschen, praktische Entscheidungen«, sagt Jip Louwe Kooijmans von der niederländischen Organisation für Vogelschutz *(Vogelbescherming Nederland).* »Es ist vielleicht nicht so ideal, wie es zuerst scheint, einen Popstar zu heiraten, wenn sich dann herausstellt, dass er von unzähligen Konkurrenten begehrt wird. Dann wählt man doch lieber einen gleichwertigen Partner.«

Das Kohlmeisenpaar, das so treu vereint im Nistkasten im hinteren Teil des Gartens brütet, scheint sich doch oft zu Seitensprüngen hinreißen zu lassen. Sie leben sozial monogam, aber nicht sexuell monogam. Das bedeutet, dass sie ein Paar aus Männchen und Weibchen bilden, gemeinsam ein Nest haben und gemeinsam Junge aufziehen – aber doch haben etwa 6,5 Prozent der Jungen einen anderen Vater als den, der ihnen das Futter bringt. Das Männchen versucht zwar, sein Weibchen daran zu hindern, sich mit dem Nachbarn zu paaren: Es behält das Weibchen gut im Auge, bewacht sein Territorium und singt sich die Kehle aus dem Hals. Trotzdem gelingt es dem Weibchen, sich heimlich mit einem starken Kohlmeisenmännchen aus der Nachbarschaft zu paaren. Wissenschaftlich betrachtet, erhöht es damit seinen Fortpflanzungserfolg. Kohlmeisen leben, wie viele andere kleine Singvögel, relativ kurz, und die Sterberate beim Nachwuchs ist hoch. Daher ist es in Bezug auf die Fortpflanzung wichtig, in der kurzen Zeit, die zur Verfügung steht, für so viele gesunde Nachkommen wie möglich zu sorgen. Es kann dann lohnend sein, die eigenen Gene mit mehreren Partnern zu verbreiten.

Das Ausmaß der außerpaarlichen Kopulationen ist nicht für jede Art bekannt, aber eine Untersuchung an 130 Vogelarten ergab, dass bei 90 Prozent außereheliche Junge im Nest sitzen. Es geht dabei also um Vögel, die einen Partner haben und sich auch mit einem oder mehreren Nachbarn paaren. Forscher schlussfolgern daraus, dass Vögel selten sexuell monogam sind. Im Allgemeinen halten Vögel mit einer längeren Lebenserwartung (daher auch einem späteren Brutzeitpunkt im Leben) mehr von Treue und haben auch eine stärkere Paarbindung als kurzlebigere Arten.

Nicht nur die Lebenserwartung spielt bei der »Eheform« eine Rolle. Ebenfalls relevant sind die Brutbedingungen und ob die Vögel in einer Gruppe und in welcher Art von Gruppe sie leben. Das Gleichgewicht zwischen Männchen und Weibchen in der Gruppe kann zum Beispiel entscheidend sein. Es kommt vor, dass es einen Überschuss an Männchen oder Weibchen in der Population gibt, was zu mehr »Dreiecksbeziehungen« oder gleichgeschlechtlichen Paaren führt. Der Höckerschwan-Forscher Jan Beekman kennt ein schönes Beispiel für eine Paarbildung unter schwierigen Umständen: »Englische Studien berichten von sehr seltenen Fällen mit schwulen und lesbischen Höckerschwan-Paaren, aber in den Niederlanden sind gar keine Fälle mit solchen Paaren bekannt. Bis auf einen Fall, aber das waren keine ›freien‹ Schwäne. Es waren zwei Vögel, deren Zuhause ein Wassergraben in der Nähe eines Bauernhofs war. Ihre Flügel waren gestutzt, weshalb sie nicht wegfliegen konnten, und der Graben war eingezäunt. Sie konnten nirgendwo anders hin und waren abhängig voneinander. Zusammen bauten sie ein wunderschönes Nest, legten jeweils acht Eier hinein und hockten dann dort nebeneinander. Jutta und Jule auf sechzehn unbefruchteten Eiern.«

Heckenbraunelle

Doppelleben

»Unauffällig, ruhig und zurückhaltend, ohne Scheu, demütig und hausbacken in seinem Benehmen und seinen Gewohnheiten zu sein. Seine Tracht ist schlicht und bescheiden, aber ordentlich und anmutig. Die Heckenbraunelle demonstriert ein Verhaltensmuster, das viele höher entwickelte Lebewesen imitieren sollten, da es ihnen selbst zum Vorteil gereichen würde und andere von diesem leuchtenden Vorbild profitieren könnten.«

F.O. Morris, A History of British Birds, 1853

Im 19. Jahrhundert lobte der Pfarrer und Amateur-Ornithologe Frederick Orpen Morris die Heckenbraunelle als leuchtendes Vorbild für viktorianische Familienwerte. Seine Gemeindemitglieder könnten sich ein Beispiel an der bescheidenen Lebensweise der Heckenbraunelle nehmen, dachte er. Und wenn man sieht, wie dieser kleine braungraue Vogel hinten im Garten lautlos wie eine Maus über den Boden huscht, kann man die Empfehlung des Pfarrers nachvollziehen. Aber wenn man heutzutage einen erfahrenen Vogelbeobachter auf »Heckenbraunelle und Paarbindung« anspricht, werden einem fast automatisch die saftigen Anekdoten aus den Youtube-Filmen aufgetischt, in denen sich die Heckenbraunellenweibchen heimlich den männlichen Nachbarn anbieten. Oder man verweist auf frivole Fakten aus dem Buch von Nick Davies *»Dunnock Behaviour and Social Evolution«* (Verhalten der Heckenbraunelle und

Soziale Evolution), in dem zum ersten Mal das komplexe Liebesleben der Heckenbraunelle enthüllt wurde. Langzeitbeobachtungen und DNA-Tests an Nachkommen ergaben, dass bei der Heckenbraunelle alle Arten von Paarbindungen möglich sind: Männchen und Weibchen, Männchen mit zwei oder mehr Weibchen und Weibchen mit zwei oder mehr Männchen. Jeder Vogel hat sein eigenes Leben, oder besser gesagt: ein Doppelleben.

Bei den Heckenbraunellen verhalten sich sowohl Männchen als auch Weibchen territorial. Vor allem die Weibchen sind recht reviertreu und achten bei der Wahl ihres Territoriums auf gute Nistplätze und reichlich vorhandene Futterquellen. Die Männchen

achten besonders auf die Größe, denn ihr Territorium muss so groß sein, dass sie es gerade noch so verteidigen können. Aber sie sind flexibler als die Weibchen und behalten auch die Zahl der fruchtbaren Weibchen im Auge. Diese Territorien von Männchen und Weibchen überschneiden sich teilweise, und zu Beginn der Brutsaison verteilen sich die Männchen über die weiblichen Territorien in der Nachbarschaft. Wahrscheinlich entstehen neben monogamen Paaren auch viele Dreiecksbeziehungen, da sich ein solches weibliches Territorium durchaus mit zwei oder mehr männlichen Territorien überschneiden kann. In vielen Fällen handelt es sich um eine Dreiecksbeziehung zwischen einem Weibchen und zwei Männchen: einem dominanten und einem untergeordneten Männchen. Es paart sich mit beiden, aber mit dem untergeordneten Männchen geht es heimlich in die Hecke, versteckt vor den Blicken des dominanten Männchens. Auf diese Weise stellt es sicher, dass sich beide Männchen für die Fütterung der Jungen einsetzen, weil sie diese für ihre Nachkommen halten. Für das Weibchen ist das die günstigste Beziehungsform, weil es damit durchschnittlich sieben Junge pro Nest durchbringen kann. Aber das Männchen ist am erfolgreichsten, wenn es zwei Weibchen hat, was durchschnittlich drei Junge pro Weibchen ergibt.

Türkentaube

Locker turteln, in guten wie in schlechten Zeiten

Turteltäubchen. Nicht umsonst ein Symbol der Liebe. Türkentauben sind sich ziemlich treu und ihr Balzverhalten wirkt liebevoll. Sehr subtil. Auf einem Dach oder auf einem Ast rückt das Männchen langsam an das Weibchen heran. Es dreht sich um das Weibchen herum, sie berühren sich an den Schnäbeln, »kuscheln«, verbeugen sich und gurren leise.

Man sieht sie fast immer zusammen. Sie können auch fast das ganze Jahr über brüten, von Februar bis November. Dies ist dank der sogenannten »Kropfmilch« möglich, die sowohl Männchen als auch Weibchen produzieren. Kropfmilch ist eine proteinreiche Flüssigkeit, mit der die Jungtiere in den ersten vier bis fünf Tagen gefüttert werden. Die Eltern sind daher nicht von Insekten als Futterquelle abhängig. Nach diesen ersten Tagen stellen sie auf feste Nahrung um, die von den Eltern im Kropf vorgeweicht wurde. Das können Getreidekörner, Sämereien oder gelegentlich auch Insekten wie Käfer und Raupen sein. Nach zwei bis drei Wochen fliegen die Jungvögel aus. Zweieinhalb bis vier Monate später können sie bereits selbst brüten, wenn sie zu den 30 bis 50 Prozent gehören, die das erste Lebensjahr erreichen. Trotz regelmäßiger Brutverluste schaffen es die meisten Paare, im Durchschnitt einmal im Jahr ein Nest durchzubringen. Spitzenpaare können sogar fünf Gelege aufziehen.

Der Bau eines solchen Nestes wird wie auch bei den Ringeltauben schludrig angegangen und führt zu einem dürftigen Ergebnis: ein flaches Nest aus einigen übereinandergelegten Zweiglein. Es kommt regelmäßig vor, dass die Jungen dort durchfallen oder dass das Nest vom Winde verweht wird. Aber die Taubeneltern geben sich nicht so schnell geschlagen und bauen hurtig ein neues Nest, in dem bald zwei neue Eier liegen. Die Türkentauben lassen nicht locker.

Da sie fast das ganze Jahr über so viele Gelege schaffen und die Jungen schnell selbst brüten können, handelt es sich um eine vermehrungsfreudige Art. Sie sind nicht wählerisch und nisten überall, vom Garten bis zum Park. Ursprünglich brüteten sie nur in Kleinasien, aber etwa seit den Fünfzigerjahren in Mitteleuropa und heutzutage in ganz Europa. J.N. van den Brink aus Musselkanaal beschreibt 1951 in der Zeitschrift *»Limosa«* die erste Brut in den Niederlanden:

> *»Im Sommer 1950 ließ sich ein Paar dieser Art im Garten des Pfarrhauses in Musselkanaal nieder. Sehr merkwürdig für diejenigen, die dieses Kanalgebiet mit seiner schrecklichen Bebauung kennen, denn es handelt sich wohl um die ödeste Region unseres Landes in Bezug auf Naturschönheiten. Überall in der Umgebung erstreckt sich flaches Ackerland ohne einen einzigen Strauch, denn bis zum letzten Quadratmeter ist dort alles kultiviert worden. Und hinter den Häusern und Häuschen an den Kanälen gibt es nur wenige Gärten, die diesen Namen verdienen. Vielleicht ist das aber das geeignete Biotop für die Türkentaube! Während des Sommers hörte ich das Gurren, das sich deutlich von dem der wilden Turteltaube und der Lachtaube unterscheidet. Andauernd erklang es und wurde daher schon nervtötend.«*

Das Weibchen bestimmt

Nun gut, es finden sich also alle möglichen Arten von Paarbindungen und »Eheformen« in der Vogelwelt. Aber wer wählt wen aus? Das ist noch nicht bei allen Arten so offensichtlich. Gerade bei Arten, die jahrelang ihrem Territorium treu sind, wie zum Beispiel Steinkäuze, kann man sich fragen, ob sie ihrem Partner oder ihrem Standort treu sind. Wählt ein alteingesessener Vogel mit einem Territorium einen Partner für dieses Territorium oder wählt ein Vogel ohne Partner ein bestimmtes Territorium mit dem Territoriumsinhaber, der zufällig dort ist? Dabei muss man bedenken, dass das Territorium auch etwas über den Territoriumsinhaber aussagt: Im Allgemeinen haben die stärksten Vögel die besten Brutplätze. Häufig wird die Wahl von unterschiedlichen Faktoren beeinflusst.

In jedem Fall scheint die Wahl nicht zufällig zu sein, insbesondere bei den Arten, die über einen längeren Zeitraum ein Paar bilden. Von Dohlen – die ihr ganzes Leben lang zusammenbleiben – weiß man, dass manche nie die »wahre Liebe« finden und ewig Single bleiben, ohne sich jemals zu paaren. Ein echter Ausnahmefall in der Vogelwelt. Deshalb kann man das Züchten von Dohlen in Gefangenschaft auch vergessen: Das ist – soweit bekannt – noch keinem Menschen gelungen. Sie sträuben sich gegen eine arrangierte Heirat. Eine interessante Studie über Zebrafinken in Gefangenschaft zeigte, dass Partner in »Zwangsehen« weniger (oder sogar keine) Jungen bekommen als die Vögel, die sich ihren Partner selbst aussuchen durften.

Auch Habichtpaare bleiben jahrelang zusammen. Wenn ein Falkner Habichte züchten möchte, muss er damit rechnen, dass er einem Weibchen eventuell zehn Männchen vorstellen muss, bis sie einen davon als Partner akzeptiert. Das Weibchen entscheidet. Tatsächlich wird bei vielen Arten beobachtet, dass das Weibchen bei der Partnerwahl den Ton angibt. Laut dem Amsel-Experten Hay Wijnhoven wählt ganz eindeutig das Amselweibchen den Partner aus und das Männchen hat dabei nichts zu melden. Und die Amselfrau ist auch diejenige, die darüber entscheidet, ob es eine Scheidung geben wird oder nicht. Hay Wijnhoven: »Manchmal kann das sehr weit gehen. Ich habe einmal gesehen, wie ein Weibchen seinen Partner getötet hat. Die Bruten des ersten Jahres waren gescheitert. Im Frühjahr des Folgejahrs begann das Weibchen, das Männchen zu misshandeln. Es pickte das Männchen heftig. Seine Schwanzfedern wurden kürzer, seine Flügelschwingen ebenso und schließlich starb es. Im Nachhinein glaube ich, dass das Weibchen eine Scheidung erzwingen wollte.«

Was ist mit kleineren, kurzlebigen Vögeln? Bei diesen Vögeln scheinen folgende Verhaltensweisen üblich zu sein: Männchen paaren sich mit möglichst vielen Weibchen, während die Weibchen wählerischer sind und sich mit den in ihren Augen attraktivsten Männchen paaren. Das hat mit der Eierproduktion zu tun. Ein Weibchen produziert nur wenige Eier, aber ein Männchen Millionen von Spermien. Die Eierproduktion kostet Zeit und Energie, daher wird der potenzielle Befruchter der Eier genauer unter die Lupe genommen. Das Weibchen möchte diese wertvollen Eier so effizient wie möglich für einen starken und gesunden Nachwuchs einsetzen.

Amsel

Einzelgänger

Amsel-Mann Hay Wijnhoven beobachtet schon seit über 15 Jahren die Amseln in seinem Garten. Er erkennt die einzelnen Tiere und gibt ihnen Namen. »Nummern wären zu unpersönlich.« Aus seiner Feder stammen »Mereldagboek« (Amsel-Tagebuch) und »De merel« (Die Amsel).

»Nachdem ich die Amseln in meinem Garten eine Zeit lang beobachtet hatte, erkannte ich schnell, dass es *die* Amsel nicht gibt. Sie agieren alle unterschiedlich. Ich kann aber schon sagen, was Amseln normalerweise tun. Sie haben jedes Jahr mehrere Nester und brüten ungefähr zwei bis vier Jahre in Folge. Die Zahl der Brutverluste ist enorm hoch, denn mehr als die Hälfte der Bruten bleibt erfolglos. Das Weibchen baut jedes Mal ein neues Nest an einer anderen Stelle. Wenn die Jungen ausfliegen, kann es innerhalb einer Woche ein neues Nest bauen. Ich sprach mit einem polnischen Wissenschaftler, der eines der Weibchen in seinem Forschungsgebiet als eine ›Femme fatale‹ bezeichnete. Sie hatte eine Beziehung mit einem Männchen, brütete die Eier aus und schwirrte dann zum Nachbarn ab. Auch mit ihm zog sie eine Brut erfolgreich auf. Im nächsten Jahr wiederholte sie dieses Erfolgskonzept!

In der Amselwelt ist das Weibchen dominant und bestimmt alles. Es bestimmt den Nistplatz, baut das Nest, brütet die Eier aus und entscheidet auch oft, ob die Beziehung fortgesetzt wird oder nicht. Eine wichtige Aufgabe des Männchens besteht zusätzlich zur Verteidigung des Reviers in der Versorgung der ausgeflogenen Jungen. Während das Weibchen schon das nächste Nest baut, bringt das Männchen den flüggen Jungen noch drei Wochen lang Futter. In dieser Zeit kann es seine Qualitäten demonstrieren. Wenn es sich geschickt anstellt, darf es bleiben und sie können jahrelang als Pärchen zusammenleben. Aber wenn das Männchen das Weibchen nicht überzeugt, kann sich das Weibchen zum Partnerwechsel entscheiden, was auch regelmäßig geschieht.

Ebenfalls ein häufiges Phänomen sind außereheliche Paarungen. Das hat damit zu tun, dass ältere Männchen bessere Reviere besetzen und mit älteren Weibchen ein Paar bilden. Einjährige Männchen können oft nur schlechte Reviere erobern und bilden mit gleichaltrigen Weibchen ein Paar. Wenn die Partner auf Revierebene aufsteigen wollen, können ihnen Seitensprünge dabei helfen.

Die Paarbildung erfolgt im zeitigen Frühjahr und ist mit dem Besetzen eines Reviers verbunden. Weibchen finden gute Nistplätze wichtig und legen großen Wert auf Qualität. Männchen achten eher auf Quantität und finden die Grenzen ihres Reviers wichtig. Die Reviere liegen durchweg nah beieinander und die Vögel sind oft miteinander verwandt. Die Paare behalten sich gegenseitig im Auge und die Weibchen loten offenbar bereits aus, ob sie sich im nächsten Jahr eventuell einen erfolgreichen Nachbarn angeln können.

Bei einem Amselpärchen handelt es sich um eine Zweckgemeinschaft, ohne innige Gefühle. Typische Einzelgänger eben. Manchmal fällt sogar das Balzritual flach. Man sieht auch nie zwei Amseln einträchtig nebeneinander auf einem Zweig sitzen. Tatsächlich sind es eher mürrische Tiere. Aber ich will nicht alle in einen Topf werfen: Ich kenne auch nette und umgängliche Amseln.«

Zieh Dein bestes Federkleid an und sing ein schönes Lied

If you want a lover
I'll do anything you ask me to
And if you want another kind of love
I'll wear a mask for you
If you want a partner, take my hand, or
If you want to strike me down in anger
Here I stand
I'm your man

Leonard Cohen, I'm your man

Wenn ein Vogelweibchen also ein Vogelmännchen wählt, ist das immer eine persönliche Angelegenheit. Aber woher weiß die Vogelfrau, mit wem sie es zu tun hat? Und wie versucht der Vogelmann, sie zu verführen? Gesang, Tanz, Aussehen, Alter und Charakter spielen alle eine Rolle. Als Gesamtpaket oder einzeln, was je nach Art unterschiedlich gewichtet wird.

Die Fortpflanzung ist stark hormonell gesteuert, der Drang zur Weitergabe der eigenen Gene ist enorm. Die Zunahme der Tageslänge bewirkt ein verändertes Verhalten. »Verliebte« Höckerschwäne, die gerade balzen, können ganz im Balzritual aufgehen und unsere Anwesenheit völlig vergessen. Sie könnten dann fünf Minuten lang neben dem Liebespärchen stehen, ohne dass es etwas merken würde. Außerhalb der Brutzeit geschieht so etwas so gut wie gar nicht. Auch körperlich sind Männchen und Weibchen enormen Veränderungen unterworfen. Zum Beispiel können die Keimdrüsen der Männchen fünfhundert Mal so groß werden wie außerhalb der Brutsaison, ihr Gefieder verwandelt sich in ein Prachtkleid – auch Brutkleid genannt – mit zusätzlichen Schmuckfedern, und manchmal ändern sich sogar die Bein- oder Schnabelfarbe. Vögel besitzen unterschiedliche Arten von Federn mit unterschiedlichen Aufgaben: Körperwärme speichern, Flug und gezielte Steuerung ermöglichen und auch Eindruck schinden. Diese letztere Aufgabe übernehmen die Schmuckfedern. Vor allem Mitglieder der Reiherfamilie sind für ihre zusätzlichen Schmuckfedern und Farbveränderungen an Beinen und Schnabel bekannt. Die Beine des Nachtreihers verfärben sich beispielsweise in der Paarungszeit von gelb nach rot, und der Seidenreiher macht eine gute Figur mit zwei flatternden Extrafedern am Hinterkopf. Auch der Silberreiher zeigt sich mit Schmuckfedern, allerdings nicht auf dem Kopf, sondern auf seinem Rücken, und sein Schnabel verfärbt sich von gelb nach schwarz. Diese Schnabelverfärbung kann man auch bei Haussperlingen beobachten: von grau im Winter zu schwarz in der Brutzeit. Diese Art der Verfärbung findet man bei vielen weiteren Arten, wie z. B. bei Papageientauchern, Seeschwalben, Möwen. All diese äußeren Veränderungen werden bei der Brautwerbung eingesetzt. Denn wenn eine Heirat in Aussicht ist, flirten und verführen Vögel nicht weniger, als wir Menschen es tun.

Jede Art hat ihre eigenen Flirtstrategien und Verführungskünste entwickelt. Ein Singvogel singt aus Leibeskräften, ein Paradiesvogel bietet einen originellen Showeffekt, ein Kiebitz zeigt seine spektakulären Flugstunts und eine Flussseeschwalbe lockt mit leckerem Fisch. Es gibt aber auch Arten, die überhaupt keine Zeit für langwierige Balzrituale haben, weil sie beispielsweise in arktischen Gebieten brüten und eine lange Wanderung vom Süden zu diesen nördlichen Brutgebieten bewältigen müssen. Zudem haben sie dann dort auch nur sechs bis acht Wochen Polarsommer, in denen sie sich paaren, nisten und Jungen aufziehen müssen. Diese Arten, Watvögel wie z. B. Odinshühnchen und Mornellregenpfeifer, gestalten die Balz aufgrund der extremen Bedingungen und des Zeitdrucks daher am effizientesten. Dies steht im Gegensatz zu Arten wie Kampfläufer, Birkhuhn, Enten, Möwen und auch Höckerschwan, bei denen eine Art Disco-Prinzip zum Tragen kommt: Es gibt eine »Tanzfläche« (Balzarena oder Lek genannt), auf der sich männliche und weibliche Singles täglich treffen und wo die Paarung stattfindet. Kampfläufer und Birkhühner paaren sich dort mit mehreren Partnern. Ein Birkhuhn legt zehn bis zwanzig Eier und ist jeden Tag auf dieser »Tanzfläche« anzutreffen (weshalb seine Eier wahrscheinlich nicht alle vom selben Partner stammen). Während Höckerschwäne und Möwen auch gemeinsam auf der Tanzfläche auf Tuchfühlung gehen, aber dann einen Partner fürs Leben suchen.

Bei Singvögeln ist es offensichtlich, womit das Männchen eine Frau verführt: Er singt so schön oder so laut wie möglich. Das Interessante daran ist, dass jeder Vogel sein eigenes Lied singt. Ein Teil des Gesangs besteht aus bekannten Fragmenten, weshalb man hören kann, ob es sich um einen Fink oder eine Kohlmeise handelt, aber der Rest ist eigene Kreativität. Die Art des Gesangs verrät einiges über das Männchen: sein Alter, seine Persönlichkeit und aus welchem Nest es stammt. Die Männchen lernen singen, indem sie den Männchen in der direkten Umgebung zuhören, wobei ihr Vater ein großes

Vorbild ist. Die Forschung an Zebrafinken ergab, dass Männchen aus einem größeren Nest anders singen als die aus einem kleineren. Wenn das Männchen aus einem kleineren Nest stammt, kann es abwechslungsreicher und besser singen. Es konnte dann seinem Vater besser zuhören, folgerten die Forscher. Es hat sich gezeigt, dass Weibchen aus einem kleineren Nest ein Männchen wählen, das ebenfalls in einem kleineren Nest geboren wurde. Umgekehrt gilt das gleiche für Vögel aus größeren Gelegen. Möglicherweise gilt das auch für andere Singvögel, aber Zebrafinken sind nun einmal beliebte Forschungsobjekte. Sie sind leicht in Gefangenschaft zu halten und vermehren sich relativ schnell.

Bei Singvögeln wie Blaumeise und Goldammer spielen der Gesang, aber auch die Farbe bei der Entscheidung des Weibchens eine Rolle. Charakteristisch ist der gelbe Kopf der Goldammer, und je älter der Mann, desto gelber der Kopf. Die Männchen mit einem gelberen Kopf paaren sich mit mehr Weibchen als diejenigen mit einem etwas brauneren Kopf. Weibchen bevorzugen also reifere Männchen. Das ist eigentlich kein Wunder, denn diese Männchen haben bereits bewiesen, dass sie stark und überlebensfähig sind.

Paradiesvogel

Exzentriker

Paradiesvögel gibt es zwar hierzulande nicht, aber sie dürfen nicht unter den Tisch fallen, wenn es um Balzrituale geht. »Die sensationellsten und schönsten Vögel auf der ganzen Erde, die Paradiesvögel«, so der berühmte Tierfilmer und Naturforscher Sir David Attenborough, der schon immer von diesen »glamourösen und romantischen Vögeln« fasziniert war und sie in mehreren Dokumentarfilmen verewigt hat. Das lieferte ganz besondere Filmszenen, da viele Paradiesvögel in unzugänglichen Gebieten hoch oben in den Baumwipfeln Neuguineas leben.

Im 16. Jahrhundert kamen die ersten Paradiesvögel mit Entdeckungsreisenden auf dem Seeweg aus dem Osten nach Europa: präparierte Exemplare mit ihrem bunten Gefieder, aber ohne Flügel und Beine, was in Europa zu dem Mythos führte, dass diese Vögel bestimmt aus dem Paradies kommen müssten. Man erzählte sich, dass sie ohne Flügel und Beine hoch am Himmel schwebten und von reinem Wolkentau lebten.

Da natürliche Feinde fehlten, konnte sie sich zu den Exzentrikern der Vogelwelt entwickeln, mit den fantastischsten Farbkombinationen und mit Fächern, Schleiern und Capes, und ihre Balzrituale sind einzigartig. Das Männchen mit den schönsten, üppigsten Schmuckfedern verführt die meisten Weibchen. 35 der 43 Paradiesvogelarten leben polygam, die Männchen paaren sich mit mehreren Weibchen. Bei den meisten monogamen Arten sehen Männchen und Weibchen fast gleich aus und die Männchen haben ein viel schlichteres Federkleid. Bei diesen Arten kümmern sich sowohl Männchen als auch Weibchen um den Nachwuchs, während dies bei den polygamen Arten reine Frauensache ist. Ein solches Weibchen baut nach der Paarung ein napfförmiges Nest in einem Baum, legt die Eier hinein und zieht die Jungen selbst auf. Die polygamen Männer sind schwer damit beschäftigt, so viele Frauen wie möglich zu verführen.

Sie tun dies mit einem komplizierten Balztanz, bei dem sie laute Geräusche ausstoßen und all die schönen Federn einsetzen. Sie springen von Ast zu Ast, schütteln wild den Kopf oder hängen kopfüber an einem Ast herunter: Nichts ist ihnen zu verrückt. Einige Arten haben sogar Federn, die sich blitzschnell verfärben können. Forscher der Universität Groningen entdeckten, dass dies mithilfe eines einzigartigen Mechanismus funktioniert. Neben dem irisierenden Effekt – wie wir ihn von den Federn der Pfauen und Stockenten kennen – gibt es auch die besondere Variante des Blaunacken-Paradiesvogels *(Parotia lawesii)*, der eine abweichende Form von Federn hat. Eine Feder besteht aus einem Schaft, von dem die Federäste links und rechts abzweigen. An diesen Federästen befinden sich kleine Hakenstrahlen, mit deren Hilfe die Federäste aneinanderhaften. Diese Hakenstrahlen sind bei diesem Paradiesvogel aber nicht gerade, sondern haben die Form eines Bumerangs und wenn er sie verkantet, kann er damit Farbeffekte erzeugen. Er beeindruckt mit spektakulären Farbwechseln von Schwarz nach Gelb oder von Hellblau nach Orange. Wie eine Discokugel.

INTERMEZZO

Balzen

Birkhahn — Wichtigtuer

Der Birkhahn ist definitiv kein stiller Verehrer. Er klickt, zischt und kullert ausgiebig. Dabei spreizt er seine Federn weit, um sich groß und breit zu machen. Er tanzt demonstrativ und macht ruckartige Bewegungen. Manchmal beugt er sich vornüber, als ob er einen Bauchkrampf hätte. Und nur wenig später macht er einen Freudensprung. Das Weibchen schaut aus einiger Entfernung zu. Keiner soll wohl denken, dass es etwas mit diesem Wichtigtuer zu tun hätte.

Kranich — Eleganz pur

Der Kranich ist einer unserer elegantesten Vögel. Die gemeinsamen Tänze der Männchen und Weibchen wirken sehr anmutig. Sie umkreisen einander mit langen, geraden Hälsen und ausgestreckten Flügeln. Mit ihren langen Beinen hüpfen sie federnd auf und ab, und manchmal springen sie ein paar Meter in die Luft. Dabei lassen sie ihre lauten Trompetenrufe erklingen. Was sie sagen? Vielleicht: »Ich liebe Dich«, wer weiß?

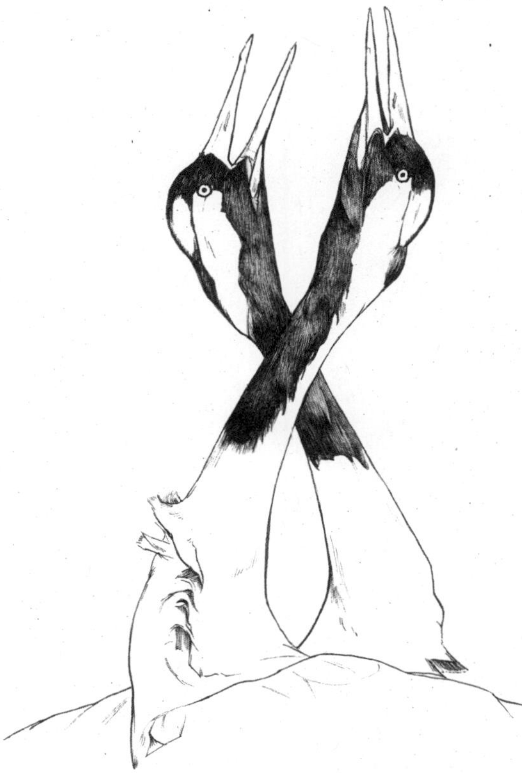

Kiebitz — Kunstflieger

Wenn man sich auf den Frühling einstimmen möchte, sollte man sich die Sturzflüge eines balzenden Kiebitzes anschauen. Er bietet eine wahre Flugschau mit fröhlichen, schnellen Loopings. Wie ein Düsenjäger schießt er in die Luft und dreht seine Runden. Dann geht es plötzlich im Steilflug nach unten. Kurz glaubt man, dass er abstürzen wird, aber dann bremst er gerade noch rechtzeitig ab, um sicher zu landen.

Bekassine — Himmelsziege

Bekassinen beeindrucken – wie Kiebitze – die Weibchen gerne mit ihren Flugkünsten. Das Männchen macht schöne Segelflüge. Langsam lässt es sich mit abgespreizten Steuerfedern zu Boden fallen. Das Besondere ist, dass der Fahrtwind diese Federn zum Vibrieren bringt und dadurch ein merkwürdig wummerndes Geräusch entsteht, das an eine meckernde Ziege erinnert. *Määäh.*

Kampfläufer – Imponiergehabe vom Feinsten

Man könnte den Kampfläufer als den Paradiesvogel unseres Landes bezeichnen, wenn es um üppiges Federkleid und exzentrische Tänze geht. Sein Imponiergehabe und seine komplizierten Balztänze wirken ungewöhnlich und manchmal auch übertrieben. Der Name »Kampfläufer« rührt von den Scheinkämpfen der Männchen in der Balzarena (auch Lek genannt). Dort können sie optimal von den Weibchen beobachtet werden, die dann die Wahl haben aus üppig ausstaffierten Männchen, deren Kragen und perückenartige Hauben einem Kostümdrama aus dem 17. Jahrhundert zu entstammen scheinen.

Liebe geht durch den Magen

Es gibt diverse Vogelarten, bei denen das Männchen dem Weibchen schon vor der Balz und vor der Paarung Beute anbietet. Man könnte das als Hochzeitsgeschenk betrachten. Dieses Verhalten sieht man bei Flussseeschwalben, Eisvögeln, Steinkäuzen und verschiedenen Greifvögeln. Das Männchen versucht damit stimmungsaufhellend auf das Weibchen einzuwirken und gleichzeitig profitiert das Weibchen von einer Stärkung für die Legephase. Außerdem wird damit die Paarbindung gefestigt. Dohlen haben sogar eine so enge Paarbindung, dass das Männchen dem Weibchen auch außerhalb der Brutzeit gelegentlich etwas Leckeres anbietet.

Bei Eisvögeln muss die normalerweise übliche Distanz mit vertrauensbildenden Gesten überwunden werden und daher bietet das Männchen dem Weibchen schnabelgerechte Fische an. Auch dabei wird aber ein gebührender Abstand eingehalten und sie sitzen fast nie aneinandergeschmiegt auf einem Ast. Falls das doch geschieht, rückt das Männchen heran. Das Weibchen ist dominant.

Bei Greifvögeln hat das Paarfüttern einen weiteren Grund. Hierzulande ist bei allen Greifvögeln das Männchen viel kleiner als das Weibchen. Bei Sperbern ist das Weibchen beispielsweise fast doppelt so schwer wie das Männchen. Dieser Unterschied ist so gravierend, dass das Männchen sogar eine potenzielle Beute für das Weibchen ist. Deshalb bringt es dem Weibchen eine Beute, bevor sie sich paaren. Diese Partnerfütterung wird fortgesetzt, bis die Jungen flügge sind, und erst dann geht das Weibchen wieder selber auf die Jagd. In der Zeit, in der es auf dem Nest sitzt, jagt das Männchen also für sich selbst, für das Weibchen und für die Jungen. Da es mehr Beute als nur für sich erjagen muss, ist es praktisch, dass es kleiner ist als die Frau. Die Jagd auf kleinere Beutetiere ist nämlich ergiebiger, da diese zahlreicher sind als größere Tiere. Wenn das größere Weibchen die Aufgabe gehabt hätte, Nahrung für das Männchen zu fangen, würde sich das viel schwieriger gestalten.

Auch bei einer Flussseeschwalbe geht die Liebe durch den Magen. Auf der Jagd oder bei der Balz fliegt das Männchen mit langsamen Flügelschlägen über die Wasseroberfläche mit seinem knarrenden *kiiierr kriiierr* und stürzt plötzlich ins Wasser, um einen Fisch zu erbeuten. Das Männchen umwirbt das Weibchen nicht nur mit einem anmutigen Balzflug, sondern auch mit einem Brautgeschenk. Er bietet ihr einen Fisch an, und wenn sie ihn annimmt, folgt eine Paarung.

How do you know that she will refuse you,
before you offer her your love?

Shakespeare

Steinkauz

Familie aus den Fünfzigerjahren

Der Steinkauz-Mann Ronald van Harxen studiert schon seit über 30 Jahren Steinkäuze in der Umgebung von Winterswijk, einem 300 km² großen Forschungsgebiet mit schätzungsweise 400 Paaren. Jedes Jahr beobachtet er einen Teil dieser Population, im letzten Jahr waren es 80 Paare.

»Der Steinkauz ist besonders ortstreu. Das hat mit seiner Nutzung des Nahrungsangebots zu tun. Er ist Generalist und verfügt über ein breites Nahrungsspektrum. Es reicht daher, ein kleineres Revier gut zu kennen. Er weiß ganz genau, wo er sowohl Mäuse als auch Mistkäfer und Regenwürmer findet. Es besteht daher keine Notwendigkeit, Zeit und Energie für die Erkundung eines neuen Reviers aufzuwenden. Viele Paare bleiben mindestens fünf Jahre lang am selben Ort zusammen, in der Regel, bis einer von ihnen stirbt. Manchmal stellt sich schon innerhalb einer Woche ein neuer Partner im gleichen Territorium ein, insbesondere zu Beginn der Brutsaison. Wenn sie ihren Partner verlieren, verlassen sie ihr Territorium nicht, um einen neuen Partner zu suchen, sondern signalisieren anderen Steinkäuzen in der Nachbarschaft mit bestimmten Rufen, dass sie Single sind.

Die Paarbindung zwischen Männchen und Weibchen ist zum Frühlingsbeginn sehr stark. Sie sind viel zusammen und pflegen das Gefieder des Partners. Je nach Temperatur beginnen sie ab Januar oder Februar, öfter zu rufen. Das Männchen wählt zunächst eine

Nisthöhle – es sind Höhlenbrüter –, wo es manchmal tagelang Wache hält, um den Platz gegen die Konkurrenz zu verteidigen. Dann kriecht es mit einer Beute im Schnabel in die Höhle und lockt das Weibchen mit seinen Rufen. Seine Absichten werden klar kommuniziert! Am Ende entscheidet das Weibchen über den definitiven Ort, weil es schließlich lange dort sitzen und sich sicher fühlen muss.

Steinkäuze haben eine klar geregelte Aufgabenverteilung. Ich vergleiche es mit einer Familie aus den 1950er-Jahren: Man ist sich treu, der Mann geht zur Arbeit und die Frau bleibt bei den Kindern. Das Besondere ist, dass der Steinkauzmann das Weibchen während der Brutphase und in der ersten Lebenswoche der Jungen füttert. Er fängt Beute und liefert sie bei ihm ab. Das Weibchen hat hingegen das Sagen in der Nisthöhle. Wenn es findet, dass das Männchen nach der Beuteübergabe etwas zu lange trödelt, stößt es das Männchen hinaus. Die Frau hat die Hosen an!

Selbst wenn die Jungen geschlüpft sind, gibt der Mann der Frau seine Beute. Sie füttert nämlich immer die Jungen. Wenn sie nicht da ist, weiß er nicht, was er mit der Beute machen soll. Wir haben gesehen, dass ein Weibchen während der Brutsaison umkam und die Jungen danach starben, obwohl eine ganze Reihe von Mäusen neben ihnen lag. Das Männchen brachte weiterhin brav die Beute, aber die Jungen konnten diese noch nicht selbstständig essen. Die ersten drei Wochen sind ausschlaggebend und sowohl Männchen als auch Weibchen müssen ihre Aufgaben erledigen können.«

Auf Leben und Tod

Viele Vogelmännchen verhalten sich während der Brutzeit ziemlich aggressiv untereinander. Manchmal sind es Kämpfe auf Leben und Tod. Es gibt Höckerschwäne, die sich gegenseitig ertränken, Störche, die sich mit ihren spitzen Schnäbeln direkt ins Herz stechen, und Habichte, die ihre Artgenossen wie Beute behandeln und auffressen. Besonders wenn das Habichtmännchen einen Eindringling wiederholt aus seinem Territorium vertrieben und ihn damit ausreichend gewarnt hat, kann es so gereizt sein, dass der Eindringling um sein Leben fürchten muss.

Auf diese Weise verteidigen die Männchen ihr Revier. Bei Arten mit stark ausgeprägtem Territorialverhalten sind daher die Weibchen oft älter als die Männchen. Besonders bei Höckerschwänen, die keine anderen Feinde fürchten müssen, ist der Kampf untereinander eine der häufigsten Todesursachen bei den Männchen. Es gibt beispielsweise Schwanenweibchen, die fünf verschiedene Partner in ihrem Leben haben. Während der Brutzeit sind die Schwanenmännchen Tag und Nacht damit beschäftigt, ihren angestammten Platz zu verteidigen. Manche Leute, die am Wasser wohnen, sagen sogar: »Die Schwäne sind echt toll, aber es gibt eine Zeit im Frühling, wo es ruhig etwas ruhiger sein dürfte. Dann ist das Männchen die ganze Nacht zugange mit lautem *Flappflappflapp,* über das Wasser mit den großen Füßen *Platschplatsch,* dann wieder landen *Schüüü.* Und ein wenig später kommt er wieder zurück und es geht von vorne los: *Papapapap.*« Die ganze Nacht Imponiergehabe.

Das Ausmaß der Aggression variiert je nach Art und Individuum. Das eine Männchen ist aggressiver als das andere. Der Habicht-Experte Gerard Müskens erkannte Männchen mehr als einmal an ihrer Aggressivität: »Anhand der Mauserfedern, die wir in der Nähe des Nests sammeln, sehen wir, dass es oft dieselben Männchen und Weibchen sind, die am selben Ort brüten. Aber auch an ihrem Verhalten können wir sie erkennen. Wir hatten beispielsweise einige Jahre ein ziemlich aggressives Männchen. Wenn wir zwecks Beringung auf den Baum kletterten, stieß es seine charakteristischen Rufe aus und wollte uns sogar angreifen. Das machen wirklich nur ganz wenige Habichtmännchen. Wir erlebten dies fünf Jahre in Folge. Als es plötzlich aufhörte, wussten wir, dass ein anderes Männchen dieses Nest besetzt hatte. Das konnten wir auch anhand der gefundenen Mauserfedern feststellen.«

Wenn es um Aggressionen geht, sind Möwen auch gut dabei. Unter den Möwen sind die Silbermöwen am aggressivsten. Physisch und verbal. Sie kämpfen, dass die Federn fliegen, wenn ein Weibchen im Spiel ist, und zetern wie Marktschreier: *Kiau kiau kiau!* Godfrey Bomans beschrieb die Möwenkommunikation treffend in seinem Tagebuch von der Insel Rottumerplaat *(Dagboek van Rottumerplaat).* »Das Kreischen hat viele Nuancen: Einfach nur so, um persönlichen Frust herauszulassen, lautstarke Streitereien untereinander, über die sich Umstehende nicht aufregen, aber auch Alarmfunktion (wegen mir), und dann schwirrt die ganze Kolonie geschlossen ab.«

Eine der Funktionen des Kreischens besteht darin, Weibchen zu beeindrucken. Das Motto in der Möwenwelt lautet nämlich: Je lauter das Männchen ruft, desto gesünder und stärker ist es. Aber es erfüllt auch einen praktischen Zweck, denn man muss schließlich die anderen Krachmacher in der Kolonie und das tosende Meer übertönen. Das Weibchen nimmt eine unterwürfige Haltung ein, um das aggressive Männchen zu beschwichtigen. In einer Silbermöwen-Ehe ist die Frau immer kleiner als der Mann, denn der Mann duldet keine Partnerin, die größer ist als er selbst. Aber wenn sie dann ein Paar geworden sind, bleiben sie es auch ein Leben lang. Ein nettes Detail ist, dass das krakeelende Männchen mehrere Nistmulden anlegt, damit sich sein Weibchen die beste aussuchen kann. Also hat das Weibchen doch das letzte Wort.

Habicht

Gemeinsam stark, bis zum Tod

Der Biologe Gerard Müskens erforscht seit rund 50 Jahren Habichte im Rijk van Nijmegen und im Reichswald, einem 100 km^2 großen Waldgebiet mit etwa 45 Paaren.

»Habichte leben ihr ganzes Leben lang am selben Ort, sowohl das Männchen als auch das Weibchen. Sie sind sehr territorial. Die Jagdreviere der verschiedenen Habichtpaare überschneiden sich, aber sie betrachten das Waldgebiet, das sich einige Hundert Meter um ihr Nest herum befindet, als ihr angestammtes Revier. Nachbarn, auch Weibchen, werden weggejagt, vor allem kurz vor und während der Brutzeit. Aber wenn sie einmal kurz ihre Jungen alleine lassen, können sie von den Nachbarn erbeutet werden. Wir haben schon erbeutete Jungvögel im Nest der Nachbarn gefunden. Die eigenen Jungen zuerst, der Rest kann gefressen werden. Im Frühling finden wir manchmal auch ein totes, gerupftes Habichtmännchen oder ein gerupftes Habichtweibchen im Waldrevier.

Wenn ein Weibchen richtig alt wird, verschleißt es normalerweise zwei Männchen. Wenn ein Mann stirbt, findet sich ein Nachfolger ein. Und andersherum auch. Aber solange sie beide leben, bleiben sie zusammen. Sie haben eine sehr starke Paarbindung. Obwohl eine Scheidung schwer nachzuweisen ist, gelang es uns aber doch, einen echten Scheidungsfall aufzudecken. Aber nur einen einzigen in einem Zeitraum von 48 Jahren (400 Weibchen, fast 2000 Bruten).

Das betreffende Weibchen brütete damals im Territorium einer früheren Nachbarin.

Habichte können bis zum 15. Lebensjahr brüten, mit jeweils einer Brut pro Jahr. Im 12. Lebensjahr bekommen fast alle Brutpaare noch Junge, aber danach sinken die Bruterfolge rapide, und im 15. Jahr wird das Brutgeschäft definitiv eingestellt. Obwohl sie danach noch einige Jahre leben können. In unserem Gebiet haben wir einige 20-jährige Habichte, die allerdings nicht mehr brüten.

Übrigens entwickeln sich nicht alle Weibchen zu Brutvögeln. Von den 350 Individuen, die Brutvögel wurden, brütet die Hälfte nur einmal. Diese 50 Prozent erzeugen 10 Prozent der Jungen in der Population. Die andere Hälfte brütet mehrmals. Innerhalb dieser Gruppe erzeugt nur ein kleiner Teil der Weibchen (20 Prozent von 350 Individuen) 58 Prozent der Jungen. Die fehlenden 32 Prozent stammen von den Gelegenheitsbrütern. Im ersten Jahr ist die Sterblichkeitsrate beim Habicht am höchsten. Und diejenigen Vögel, die das erste Jahr schaffen, brüten manchmal nur ein einziges Mal. Aber wenn sich ein Paar etabliert hat und erfolgreich brütet, können sie das jahrelang durchhalten.«

Bis dass der Tod uns scheidet

Nur wenige Vögel sind sich bis zum Tod treu, aber es gibt sie. Besonders langlebige Arten können eine starke Paarbindung haben. Soweit wir wissen, sind Dohlen, Gänse, Tauben, Schwäne, einige Greifvögel und Seevögel ziemlich treu. Albatrosse und Dohlen können zwanzig Jahre lang als Paar durchs Leben fliegen, Höckerschwäne und Gänse fünfzehn Jahre lang, Habichte und Steinkäuze fünf Jahre lang. Dazu muss man aber Folgendes anmerken: Nicht alle Steinkäuze sind seit fünf Jahren zusammen, und nicht alle Albatrosse paaren sich zwanzig Jahren lang mit demselben Partner. Scheidungen kommen auch immer wieder mal vor. Bei den meisten Arten ist die Scheidungsrate unbekannt, aber sie wird auf fünf Prozent für Höckerschwäne und zehn Prozent für Rotschenkel geschätzt. Die Rotschenkel leben im Winter getrennt und kommen erst im Frühjahr wieder zusammen. Im Prinzip sind sie sich treu, aber manchmal kommt es zur Scheidung, und fast immer ist eine Affäre aus der Nachbarschaft der Grund.

Es kommt auch vor, dass der Partner stirbt und innerhalb einer Woche ein neuer Liebhaber auf der Bildfläche erscheint, vor allem wenn der Tod (durch Unfall, Krankheit oder Kämpfe) zu Beginn der Brutsaison eintritt. Aber die eine Beziehung ist nicht wie die andere. Gänse und Schwäne können nach dem Tod des Partners richtig trauern. Es gibt viele Geschichten über sie, und manche muss man ins Reich der Fabel verbannen, aber der Biologe Jan Beekman beobachtet gelegentlich Verhaltensweisen bei Höckerschwänen, die man kaum anders deuten kann. »Wir beobachten Vögel, die eine Woche lang dort ausharren, wo ihr Partner gestorben ist. Dabei starren sie apathisch vor sich hin und stoßen Rufe aus. Ich kann nicht in den Kopf solcher Tiere schauen, aber ihr Verhalten ist ganz anders als vorher und auch eindeutig mit dem Verlust ihres Partners verbunden.«

Möglicherweise hängt das Trauerverhalten von der Dauer der Beziehung und der Stärke der Paarbindung ab. Im Allgemeinen investieren Vögel, die über einen längeren Zeitraum ein Paar bilden, mehr Zeit und Energie in die Festigung der Paarbindung. Sie verbringen viel Zeit miteinander, und Rabenvögel und Eulen putzen gegenseitig ihre Federn (soziale Gefiederpflege). Über die Webcams der niederländischen Organisation für Vogelschutz kann man jeden Frühling verfolgen, wie Waldkäuze und Steinkäuze liebevoll »kuscheln«.

Apropos liebevoll. Ton Eggenhuizen aus Almere, in der Nähe von Amsterdam, hat einmal etwas Besonderes bei einem Höckerschwanpaar beobachtet: »Es geschah direkt hinter meinem Haus, wo ein Männchen gegen eine Brücke geflogen war und sich schwer verletzt hatte. Das Weibchen hockte im Nest auf den Eiern. Wir brachten den Schwanenmann in ein Tierheim und nach zwei Wochen wurde er als geheilt entlassen. Wir fuhren ihn zu seinem Revier und je näher wir kamen, desto lauter begann er hinten im Auto zu trompeten. Er war schon völlig aus dem Häuschen, als wir beim Wasser ankamen. Es war ein sehr liebevolles Wiedersehen, komplett mit Balz. Ein ganz besonderes Erlebnis für uns. Dieses Wiedererkennen, diese Zufriedenheit. Die Besonderheit liegt auch darin, dass man als Biologe etwas vom Glauben abfällt. Wir haben nämlich verinnerlicht, menschliche Gefühle nicht auf Tiere zu projizieren. Aber es geht um mehr als die sachliche Reduzierung auf Männchen, Weibchen, Nest und das war's dann.«

Eine starke Paarbindung ist bei langlebigen Arten wichtig, da sie die Brutergebnisse beeinflusst. Es ist bekannt, dass Gänsepaare ständig zusammen sind und daher eine enge Paarbindung haben, und sie bekommen auch viel Nachwuchs. Sie sind gut aufeinander eingespielt und daher am erfolgreichsten. In der Vogelwelt ist man »erfolgreich«, wenn man viele gesunde Nachkommen produziert.

Graugans

Keine Beziehung ist wie die andere

Der Biologe Berend Voslamber erforschte und beringte seit 1996 Grau- und Kanadagänse in den Niederlanden. Die vielen Narben an seinen Unterarmen zeugen von jahrelangen Beringungsaktivitäten. »Besonders die Kanadagänse leisten manchmal heftigen Widerstand, wenn man sie auf den Schoß nimmt.«

»Gänsepaare bleiben grundsätzlich ihr ganzes Leben lang zusammen. Sie sind nicht nur dem Partner treu, sondern haben auch sonst sehr starke Familienbande. Die Jungen bleiben in der Regel bis zum nächsten Frühjahr bei ihren Eltern, bis sich diese wieder um ein neues Nest kümmern. Sie brüten eng zusammen, und innerhalb einer solchen Gänsegemeinschaft gibt es viele Verwandte. Vielleicht ist es daher nicht so wichtig, wer genau die Jungen aufzieht, denn Adoption ist sehr verbreitet. Es kann sein, dass jemand anderes ein Ei in das eigene Nest legt, und auch nach dem Schlüpfen wechseln die Küken problemlos ihre Eltern.

Bei Weitem nicht alle Paare ziehen Jungen auf. Nur 10 bis 15 Prozent bekommen überhaupt mal Junge in ihrem Leben und davon bekommt wiederum ein geringer Prozentsatz jährlich Junge. Es gibt Gänse, die 15 Jahre alt werden und nie erfolgreich für Nachwuchs gesorgt haben. Dieses Phänomen gibt es auch bei anderen langlebigen Arten. Diese nicht brütenden Vögel sammeln sich in Gruppen und leben getrennt von den brütenden Vögeln.

In einer solchen Gänsegemeinschaft gibt es eine klare Hierarchie, und die Gänse mit den meisten Jungen sind die Spitzengänse. Das sind die Paare, die ständig zusammen sind und eine starke Paarbindung haben. Wenn bei solchen Paaren der eine stirbt, kann der Partner ein paar Tage später auch sterben. Es gibt andererseits aber auch Gänse, die vier oder fünf Partner verschleißen. Wenn der Partner stirbt, wird ein Nachfolger gesucht. Ich denke, dass dabei die Länge der Beziehung entscheidend ist. Und mit Gänsen ist es genau wie mit Menschen: Die eine Beziehung ist nicht wie die andere. Hier im Naturschutzgebiet Ooijpolder gab es ein Paar, das jedes Jahr Junge bekam. Er war der Chef-Ganter in dieser Gruppe. Bis sein Weibchen starb und ich ihn plötzlich am Rande einer Gruppe von mausernden, nicht brütenden Gänsen sah. Ganz allein und zusammengekauert, obwohl er vorher ein ganz forscher Typ war,

nach dem Motto: »Aus dem Weg, hier komme ich!« Nach so vielen gemeinsamen Jahren ist der Tod des Partners auch bei Gänsen wahrscheinlich ein Grund für viel Trauer. Aber das lässt sich nur schwer feststellen. Denn wir verstehen ihre Sprache nicht. Aber sie können einander mehr erzählen, als wir lange Zeit dachten.

In meinem Studium lernte ich, dass jegliches Verhalten der Vögel instinktiv und zweckgebunden ist. Alles für die Fortpflanzung. Wenn man sich aber ans Flussufer setzt und den Rastplatz der Gänse beobachtet, sieht man die Gänse trudelnd einfliegen, nachdem sie auf den Feldern lecker gefuttert haben. Dann platschen sie fröhlich im Wasser herum und verfolgen sich tauchend. Ihre Ausgelassenheit ist nicht zweckgebunden und hat auch nichts mit ihrem Bruterfolg zu tun. Meiner Meinung nach tun sie das einfach, weil es ihnen Spaß macht.«

Höckerschwan

Ein Weibchen, fünf Männchen

Der Biologe Jan Beekman fängt und beringt seit über 35 Jahren Höckerschwäne in der Provinz Groningen.

»Für viele Menschen ist der Höckerschwan der Inbegriff ewiger Treue. Und es stimmt, dass die meisten von ihnen bis zum Tod zusammenbleiben, aber trotzdem habe ich dieses Jahr allein in Groningen drei Scheidungsfälle erlebt. Es kommt öfter vor, als wir dachten. Gerade bei Vögeln, die das ganze Jahr über als Paar zusammenleben, ist eine Scheidung ein bemerkenswertes Ereignis.

Manche Paare bleiben über 15 Jahre zusammen, aber das ist selten: Im Durchschnitt wird ein Schwan sieben Jahre alt. Vor allem die Männchen sind vielen Risiken ausgesetzt, weil sie erbittert gegeneinander kämpfen, und das auch zum Tod führen kann. Ich kenne daher Weibchen, die bereits fünf verschiedene Männchen gehabt haben. »Mein« ältestes Weibchen ist jetzt 26 Jahre alt, aber so ein hochbetagtes Tier ist eine Ausnahme.

Junge Paare suchen sich paarweise ein Territorium, oft in der Nähe des Geburtsorts des Weibchens. Wenn sie sich dort richtig niedergelassen haben und ein Partner stirbt, bleibt die Witwe oder der Witwer in der Regel in diesem Territorium, bis sich ein neuer Partner vorstellt. Manchmal gehen sie auch selbst auf die Suche nach einem neuen Partner, im »Club der Junggesellen«, einer Gruppe von alleinstehenden jungen und reiferen Schwanenmännchen (auch 10- bis 15-jährige Exemplare). Dort gibt es eine Art Disco-Tanzfläche. Auf Tuchfühlung gehen, Ausprobieren und Balzen. Einen Tag mit dem einen, dann wieder mit dem anderen, bis sie einen geeigneten Partner finden.

Die Jungen bleiben bei den Eltern, bis sie flügge sind. Einige bleiben den ganzen Winter über bei ihren Eltern, aber viele werden bereits im Oktober hinausgeworfen. Ich habe auch einmal gesehen, wie Eltern die Jungen weggebracht haben. Ich stand in der Nähe des Lauwersmeers, als eine Schwanenfamilie mit sechs Jungen vor mir ins Wasser plumpste. Das war eine Familie aus Haren. Zwei Tage später waren die Eltern ohne Jungen zurück in Haren. Sie waren also den ganzen Weg dorthin geflogen, um die Jungen dort auszusetzen. »Hier ist die Disco, du darfst selbst entscheiden, wie lang du aufbleibst, wir kommen dich nicht mehr abholen.« Wirklich zu komisch.

Ich selbst habe einmal einen jungen Höckerschwan aufgezogen. Das Ei wurde im Nest zurückgelassen. Es war schon angepickt und der Schnabel bewegte sich, aber das Ei war eiskalt. Also nahm ich es, steckte es unter meine Jacke, die ich im Auto aufs Armaturenbrett legte, und dann stellte ich die Heizung auf höchste Stufe. Damit düste ich zum Biologischen Zentrum in Haren. Dort wurde es direkt in den Brutautomaten gelegt und ... verdammt, nach ein paar Stunden war ich schon Schwanenpapa. Ich ging jeden Tag ein Stück mit meiner Schwanentochter spazieren und besorgte Entengrütze. Schwimmen konnte sie wie alle Schwanenbabys von Natur aus, aber ihr flauschiges Kleid wasserfest machen, konnte sie noch nicht. Als sie ins Wasser glitt, um zu schwimmen, ging sie glatt unter. Ein Schock für einen unbedarften Schwanenvater! Anscheinend ist das etwas, was sie von ihren Eltern lernen. Also trocknete ich sie ab, nahm sie auf meinen Schoß, führte ihren Schnabel zur Fettdrüse und rieb das Flaumgefieder sehr vorsichtig mit dem Fett ein. Am nächsten Tag schaffte sie es schon selbst. Hatte ich als Vater also doch nicht versagt! Später lebte sie in der Wasservogel-Abteilung des Biologischen Zentrums. Ohne Höckerschwanmännchen, aber sie hat einfach ein Nest gebaut und Eier gelegt. Ganz allein. Anscheinend war ihr Bruttrieb so stark entwickelt, dass dieser auch ohne Artgenossen in der Nähe ausgelebt werden musste.«

Zurück zum Geburtsort

Ob Zugvögel oder Standvögel, die meisten Vögel sind in Bezug auf ihren Brutplatz recht standorttreu. Zugvögel wie Wiesenvögel, Gänse und Störche streben nach ihrer Überwinterung im Süden jeden Frühling zum gleichen Grasbüschel oder genau gleichen Nest. Nach einer Reise von manchmal Tausenden von Kilometern finden sie problemlos ihre Sehnsuchtsorte. Gänse ziehen gemeinsam, aber einige andere Arten, wie Störche, Papageientaucher und Felsenpinguine, sowie Wiesenvögel treffen ihren Partner erst im Brutgebiet wieder. Eine Sommer-Ehe.

Lebenslange Paarbindung kann dabei eventuell einen pragmatischen Grund haben: Weil sie standorttreu sind, ist die Entscheidung, sich wieder mit demselben Partner zu vereinen, recht logisch. Da Ursache und Wirkung wissenschaftlich schwer zu bestimmen sind, müssen wir uns mit der persönlichen Interpretation des Forschers begnügen. Bei Störchen kehrt beispielsweise prinzipiell das Männchen zuerst zum Nest zurück und wartet dort auf das Weibchen. Aber manchmal ist auch das Weibchen früher da. Einmal hatte das Weibchen sogar schon einen neuen Partner ausgewählt und Eier gelegt und danach trudelte sein Mann erst am Nest ein. Ein solches Männchen kämpft immer mit dem neuen Männchen und dabei gewinnt immer der ursprüngliche Partner des Weibchens. Bei dem Kampf fliegen aber die Federn. Oft fließt auch Blut und das Gefecht kann eine ganze Stunde lang dauern. Das Weibchen schwebt währenddessen hoch in der Luft über dem Nest. Aus sicherer Entfernung wartet es das Ergebnis ab.

Auch die südlichen Felsenpinguine führen richtige Fernbeziehungen. Jeden Sommer leben Männchen und Weibchen drei Monate lang zusammen und den Rest des Jahres sind sie Hunderte von Kilometern voneinander entfernt, auf See. Jedes Jahr haben sie denselben Partner, mit dem sie ein Ei ausbrüten. Paare auf Lebenszeit. Sie brüten in Kolonien an Land, auf kahlen Felshängen an der Küste. Wenn die Brutsaison beginnt, kehren sie an ihren Geburtsort zurück, um sich wieder zu treffen. Laut rufend suchen sie unter all den anderen Hunderten von rufenden Pinguinen, die alle auf der Suche nach ihrem Partner sind. Sobald sie sich gefunden haben, tauschen sie ausgiebig Zärtlichkeiten aus. Auffallend ist, dass zu Beginn der Brutzeit die Weibchen zwölf Tage später als die Männchen an Land kommen und am Ende etwa sechs Tage früher aufbrechen. Das Weibchen ist also längst verschwunden, wenn das Männchen endlich seine Reise auf dem offenen Meer beginnt. Dann kann man mal versuchen, sich wieder zu finden. Manche Paare leben 2500 Kilometer voneinander entfernt, obwohl sie sich nicht unterschiedlich ernähren. Warum sie ihre Wanderung aufs offene Meer nicht gemeinsam machen, um das ganze Jahr über zusammen zu sein, ist nicht bekannt.

Rotschenkel

Sex mit der Ex

Der Rotschenkel-Forscher Wim Tijsen kann auf Tuchfühlung gehen. Er wohnt nämlich nur knapp einen Kilometer von seinem Forschungsgebiet in Wieringen in der Provinz Nordholland entfernt und kann daher fast täglich nach seinen »Rotschenkelchen« schauen. Seit 1995 hat er über 1750 Rotschenkel beringt.

»Jedes Jahr brüten Rotschenkel am selben Ort, manchmal sogar auf denselben zur Mulde umfunktionierten Grasbüscheln wie im Vorjahr. Die Küken kehren im nächsten Jahr als Erwachsene in einem Umkreis von ein bis zwei Kilometern von ihrem Geburtsort zurück, um selbst zu brüten. Sie bilden zwar keine Kolonie, aber in optimalen Gebieten brüten viele Paare eng beieinander. Männchen und Weibchen überwintern unabhängig voneinander im warmen Süden. Im Frühjahr kehren die Männchen etwas früher in die Brutgebiete zurück. Dann warten sie auf ihre Partnerin und wimmeln noch eine Weile andere interessierte Weibchen ab. Ich sah einmal ein Männchen, das zwei Wochen lang auf sein Weibchen wartete, und plötzlich war es wieder da. Da gab es kein Halten mehr! Überschwängliche Wiedersehensfreude, das Balzritual beginnt sofort: Das Weibchen spreizt seinen Schwanz und das Männchen dreht sich im Kreis. Sie haben sich endlich wiedergefunden. Nicht wenige Vögel sterben auf dem Rückzug und etwa 30 Prozent kommen im nächsten Frühjahr nicht zurück. Und wenn der Partner im Frühjahr nicht auftaucht, ist es ganz logisch, dass sich der andere Vogel jemanden aus der Nachbarschaft sucht. Der alte Bill zum Beispiel war mein ältester Rotschenkel, 19 Jahre alt. Sein Weibchen wurde von einem Sperber erbeutet, woraufhin er innerhalb von 14 Tagen die Nachbarin verführte. Sie hatte auch zufällig ihren Partner verloren. Er hatte zehn Jahre lang im Umkreis von 100 Metern südwestlich der Eisbahn von Westerland im Normerpolder gebrütet, und sie war die ganze Zeit seine Nachbarin gewesen. Vielleicht hatte er schon jahrelang ein Auge auf sie geworfen.

Rotschenkel sind sich recht treu: Nach der Überwinterung warten sie grundsätzlich auf ihren eigenen Partner und Betrug ist nicht üblich. Aber ›Sex mit der Ex‹ konnte ich schon beobachten. Zum Beispiel gibt es in meinem Forschungsgebiet ein Weibchen, das zum Nachbarn gewechselt hatte. Einige Jahre später habe ich in einem Video festgehalten, dass sein Ex-Partner sich mit ihm paaren wollte. Denn Scheidungen gibt es durchaus, bei etwa zehn Prozent der Paare. Aber warum eigentlich? Man könnte meinen, es hätte etwas mit der Brut des Vorjahrs zu tun, dass sie beispielsweise ein Misserfolg war, also keine Küken aufgezogen wurden. Aber das scheint nicht der Fall zu sein. Ich analysierte die Scheidungen in meinem Gebiet, und die Schlupfrate des Nests in der vorangegangenen Brutsaison erwies sich sogar als überdurchschnittlich hoch. Durchschnittlich beträgt die Rate 45 bis 50 Prozent, bei geschiedenen Paaren aber 60 Prozent. Woran liegt es also, dass sie sich trennen? Das muss fast schon etwas mit Liebe – oder deren Ende – zu tun haben. Was könnte es sonst sein?«

Weißstorch

Klappernde Liebe im Nest

Vermutlich gibt es nur wenige andere Menschen in den Niederlanden, die so viele Störche in den Händen gehalten haben wie Wim van Nee und Annemieke Enteres. Gemeinsam beringen sie seit 1990 Jungstörche im ganzen Land und sind das Aushängeschild von STORK (Stichting Ooievaars Research & Knowhow).

»Die Liebe der Störche geht durch das Nest. Das Nest ist der Klebstoff des Storchenpärchens. In der Brutzeit ist dies auch der einzige Ort, an dem sie sich treffen. Die Futtersuche verläuft getrennt. Generell scheint die Zuneigung nicht sehr groß zu sein, aber um die Verbundenheit des Paares zu stärken, fummeln sie sich gegenseitig ein bisschen im Gefieder herum. Auch die Begrüßungszeremonie zu Beginn der Brutsaison und danach mehrmals täglich zeugt von Zuneigung. Jedes Mal, wenn einer von ihnen in das Nest zurückkehrt, klappern sie mit ihren Schnäbeln und werfen den Kopf in den Nacken.

Nach der Überwinterung ist das Männchen meist etwas früher wieder im Nest und wartet dort auf das Weibchen. Einige Paare sind Jahr für Jahr zusammen, aber eine beträchtliche Anzahl wechselt auch den Partner. Genaue Prozentsätze sind nicht bekannt. Der Konkurrenzdruck um ein Nest kann zu heftigen Kämpfen führen. Wenn Störche kämpfen, gibt es kein Pardon. Es ist schon vorgekommen, dass einer der beiden Kämpfer getötet wurde, weil der Schnabel des Widersachers sein Herz durchbohrte.

Störche führen eine emanzipierte Beziehung. Sie bauen gemeinsam ein Nest, wechseln sich beim Brüten und der Futtersuche ab und füttern beide die Jungen. Fünf- bis 15-jährige Störche erzielen die besten Bruterfolge. Es gibt auch Brutvögel, die 30 Jahre und älter sind, aber diese sind eher selten. In einer guten Brutsaison ziehen sie durchschnittlich 1,5 Junge pro Paar auf.

Sobald die Kleinen flügge sind, ziehen 99 Prozent der Jungen weg. Nicht nur zwecks Überwinterung, sondern auch, um erwachsen zu werden. Sie bleiben zwei bis vier Jahre lang im Süden, bis sie

geschlechtsreif sind. Alle Störche in den Niederlanden haben sich daher mindestens einmal in ihrem Leben auf den langen Weg nach Afrika gemacht. Wenn sie als erwachsene Vögel zurückkommen, scheinen sie eine wichtige Entscheidung für sich zu treffen: Bleibe ich hier oder ziehe ich jeden Herbst weg? Wenn ein Storch einmal hier überwintert hat, gewöhnt er sich in der Regel für den Rest seines Lebens sein Zugverhalten ab. Dies trifft auf etwa 35 Prozent der erwachsenen Störche zu. Ein Großteil tritt also immer noch die jährliche Reise in den Süden an.

Die ziehenden Störche überwintern aber nicht alle am selben Ort. Einige bleiben in Spanien, andere ziehen weiter ins Niger-Delta. Die Gruppe zerstreut sich. Bemerkenswert ist, dass die inzwischen erwachsenen Jungvögel immer wieder an ihrem Geburtsort landen: Beispielsweise ist erwiesen, dass Jungvögel aus den nördlichen Niederlanden auch wieder dorthin zurückfliegen. Die Brutvögel kehren in dasjenige Nest zurück, in dem sie im Jahr zuvor gebrütet haben. So brüten beispielsweise niederländische Vögel nicht in Spanien, und spanische Vögel brüten nicht in den Niederlanden.

Übrigens brechen Jungvögel und Eltern am Ende der Brutsaison nicht zusammen auf. Die Jungen fliegen ein oder zwei Wochen früher fort, zusammen in Gruppen. Die Eltern folgen später. Auch in Gruppen, aber in diesen Gruppen fliegen die Paare schon nicht mehr zusammen. Die Paarbindung ist wirklich mit dem Nest verknüpft. Außerhalb der Saison gibt es keine Familienbande.«

Haubentaucher

Neuer Frühling, neue Liebe

Ich werde Dich eine Liebe lang lieben.

Wim de Bie

Wer kennt nicht das Bild des Haubentaucherpaars, das auf dem Wasser nur Augen für den anderen hat und die Tanzbewegungen des Partners spiegelt. Ihre komplizierte Balz scheint eine kleine Ewigkeit zu dauern. Sie schütteln heftig ihre Köpfe, schwimmen auseinander und tauchen unter. Alles synchron und mit exaktem Timing. Wenn sie wieder an die Oberfläche kommen, haben sie eine Menge Wasserpflanzen im Schnabel, die als Hochzeitsgeschenk dienen. Dann richten sie sich Brust an Brust im Wasser auf und ragen hoch aus dem Wasser (Pinguintanz). Das gleichzeitige Wassertreten sorgt für lautes Platschen. Übrigens kommt es während der gesamten Brutzeit immer wieder zum Kopfschütteln. Beispielsweise nach dem gemeinsamen Verjagen eines Eindringlings. Dann sieht man oft, dass sie mit einem kurzen Kopfschütteln zueinander schwimmen. Das festigt ihre Paarbindung.

Haubentaucher können zwar jedes Jahr einen neuen Partner wählen, aber sie bleiben eine ganze Brutsaison lang zusammen. Sie brüten abwechselnd und versorgen die Jungen gemeinsam. Sie haben eine lange Brutsaison von März bis Oktober und in milden Wintern sogar noch länger. Der Winter 2015/2016 war beispielsweise so mild, dass man um Weihnachten herum junge Haubentaucher beobachten konnte. In den Sechzigerjahren stand der April noch als Brutperiode in den Büchern.

Der Zeitaufwand beim Nestbau hält sich in Grenzen. Beide Partner tauchen nach Zweigen, Schlamm und Pflanzenresten und stapeln diese so lange übereinander, bis sie einem Nest ähneln. Sie befestigen dieses schwimmende Nest an einigen Schilfhalmen. Während der Brutzeit erhöhen und verstärken sie das Nest immer wieder mit weiterem Material, weil es sonst sinken würde. Da die weißen Eier im offenen Nest zu auffällig sind, werden sie beim Verlassen des Nests immer mit Nistmaterial kaschiert.

Haubentaucher legen durchschnittlich drei bis vier Eier, die sie in etwa 25 Tagen ausbrüten. Die Jungen verlassen das Nest recht schnell und klettern auf den Rücken eines Elternteils, der in der ersten Woche ständig als Wassertaxi fungiert. Dort ist es schön warm und auch sicher. Schwimmt ein solcher Haubentaucher vorbei, sieht man manchmal nur die Köpfe der Kleinen aus seinem Gefieder herauslugen. Mit zunehmendem Alter schwimmen sie aber immer öfter ohne Hilfe und nach etwa zehn Wochen sind sie selbstständig.

Der Haubentaucher ist der einzige Wildvogel, der seine eigenen Federn frisst. Ausgewachsene Haubentaucher bieten sogar ihren Jungen gelegentlich ihr eigenes daunenartiges Kleingefieder aus Brust und Flanke an. Aber ein Junges ist nicht gerade scharf darauf. Die Feder wird wiederholt ins Wasser getaucht, bis man sie schließlich doch hinunterbekommt. Zusammen mit den Fischresten bilden sie im Magen eine Art Gewölle, auch Speiballen genannt. Wenn dieser ausgewürgt wird, wird der Vogel auch Parasiten und unverdauliche Abfallstoffe los und kann mit dieser Maßnahme Magen und Speiseröhre sauber halten.

Stockente

Spritzige Vorstellung

Jeder kennt die Stockente. Aber wie viele Menschen kennen die Balz der Stockenten? Wenn man keine Ahnung davon hat, läuft man – ohne etwas zu merken – daran vorbei. Sie beginnen aber auch früh damit: Eine Stockente bekommt nämlich schon Frühlingsgefühle, wenn die Blätter fallen und wir uns auf die kalten Wintermonate vorbereiten.

Kurz davor, von Juni bis September, befindet sich das Männchen, der Erpel, in der Mauser und sein Gefieder ist ganz unscheinbar gefärbt, was man auch als Schlichtkleid bezeichnet. Er sieht aus wie ein dunkel gefärbtes Weibchen, weil er dann auch überwiegend braune Federn hat. Aber im Herbst wird wieder sein Prachtkleid gebildet, mit dem berühmten metallisch grün glänzenden Kopf. Mit dieser farbenfrohen Pracht ist er bereit für die Brautwerbung. In den milden Wintermonaten wird kontinuierlich, aber auf Sparflamme, weiter gebalzt. Höhepunkt der Aktivitäten ist dann im Februar und März.

Aber es beginnt mit einer Gruppenbalz im Herbst. Die Männchen führen ein Wasserballett auf, wobei die Weibchen als Zuschauerinnen fungieren. Diese Vorstellung ist manchmal überraschend synchron, als ob sie monatelang einstudiert worden wäre. Aber keine Vorstellung ohne Einleitung: Die Männchen gleiten langsam durchs Wasser, strecken den Hals, schütteln den Kopf und dann den Schwanz. Dies wiederholt sich mehrere Male. Danach folgt das Hauptprogramm mit durchs Wasser pflügenden Schnäbeln und sich aufrichtenden stolz geschwellten Brüsten und Köpfen. Das Männchen achtet darauf, dass die Wassertropfen von seinem Schnabel so weit wie möglich in Richtung des Weibchens seiner Wahl spritzen. Seine Absichten sollen nichts an Deutlichkeit zu wünschen übrig lassen.

Sobald sie Paare gebildet haben, wechseln sie von Gruppen- zur Paarbalz. Männchen und Weibchen sind dann ständig nah zusammen. Sie trinken zum Schein übertrieben (»Antrinken«) und schauen sich dabei in die Augen, auch das Gefieder wird zum Schein

geputzt und schließlich erfolgt die Paarung. Ab Herbst paaren sie sich täglich, aber erst im Februar ist die Befruchtung erfolgreich. Die Brutsaison erstreckt sich von Februar bis August, mit zwei bis drei Gelegen mit je sechs bis zehn Eiern. Im Durchschnitt sorgen 38 Prozent der Nester für mindestens ein ausgewachsenes Junges.

Das Weibchen kümmert sich ganz alleine um Nestbau, Ausbrüten der Eier und Aufzucht der Jungen. Zu Beginn der Brutzeit bleibt das Männchen bei ihm, aber nach zwei Wochen ist die Paarbindung schon Vergangenheit. Dann taucht leider auch das Bild auf, dem die Stockenten-Erpel ihren zweifelhaften Ruf verdanken: Gruppen von Männchen, die zusammen ein Weibchen attackieren und versuchen, sie zu vergewaltigen, manchmal mit Todesfolge. Experten beobachten dieses Verhalten hauptsächlich im Frühling bei Erpeln in städtischen Gebieten. Rein technisch gesehen, ist eine Vergewaltigung übrigens nicht möglich. Erpel gehören nämlich zu den wenigen Vögeln, die mit einem Penis ausgestattet sind. Ein korkenzieherähnliches Organ, das nur dann in das Weibchen eindringen kann, wenn sie es auch will, und dafür muss sie ihren Unterkörper in die richtige Position bringen.

> *»Vor dem Hintergrund einer Lichtsäule, die über das gekräuselte Wasser glitt, sah ich die Silhouetten zweier Enten auf der Wiese. Sie zeigten sich vor diesem Licht von ihrer schönsten Seite, die eine in ihr Gefieder gekuschelt und die andere mit stolz gerecktem Hals. Warum in die Welt hinausziehen, wenn man um die Ecke Enten beobachten kann?«*
>
> J. J. Peereboom, Maatstaf Jahrgang 29, S. 108 (1981)

Liebe unter Nachbarn

»Die Anwendung molekulargenetischer Techniken hat unsere Sicht auf die Paarungssysteme bei Vögeln revolutioniert. Entgegen früherer Erwartungen sind Vögel nur sehr selten sexuell monogam, außerpaarlich gezeugte Nachkommen finden sich bei etwa 90 Prozent der Spezies.«

Griffith S. et al., Molecular Ecology 11, 2002

Es wurde festgestellt, dass vor allem solitär lebende, territoriale Singvögel und kurzlebige Arten mit anderen Vögeln in ihrer Umgebung fremdgehen. Es kommt auch bei langlebigen Arten vor, aber vermutlich viel weniger. Sowohl für männliche als auch für weibliche kurzlebige Arten ist es wichtig, die Gene mit möglichst vielen anderen Vögeln zu teilen, erklären die Biologen. Forscher am Max-Planck-Institut für Ornithologie glauben, dass es dafür nicht nur evolutionäre Beweggründe gibt, sondern auch eine erbliche Komponente eine Rolle spielt. Im Jahr 2011 kartierten sie die sexuellen Beziehungen von 1500 Zebrafinken aus mehr als fünf Generationen und entdeckten, dass sich die Nachkommen von Eltern mit »promiskuitivem« Verhalten ebenfalls öfter zu außerpaarlichen Kopulationen hinreißen lassen. Aber nicht alle Zebrafinken sind »Fremdgänger«: Es gibt auch streng monogame Paare.

Wie dem auch sei, die Paarung mit den Nachbarn ist ohnehin flüchtiger Natur, an einer Paarbildung wird nicht gearbeitet, und es werden nur spärliche Balzsignale abgegeben. Es geschieht oft klammheimlich.

Eine englische Studie an Haussperlingen hat ergeben, dass das Männchen bei der Nahrungsbeschaffung für die Jungen weniger Einsatz zeigt, wenn mehr als 50 Prozent der Eier von anderen Männchen befruchtet wurden. Es strengt sich deutlich weniger an. Das wirft die interessante Frage auf, wie das Männchen nun wissen kann, dass sein Weibchen sich mit Nebenbuhlern gepaart hat. Leider konnte das bisher (noch) nicht beantwortet werden.

Wie viele andere Singvögel paaren sich auch weibliche Singammern mit ihren Nachbarn. Doch meistens geschieht das innerhalb der Familie, entdeckten Biologen auf der kanadischen Insel Mandarte, wo sie seit Jahren an Singammern forschen, eine kleine Population von etwa 30 Paaren. Partner entpuppen sich oft als Verwandte, zum Beispiel Cousins und Cousinen. Und wenn das Weibchen fremdgeht, könnte es durchaus an den Bruder seines Partners geraten. Fast jedes außereheliche Junge ist irgendwie mit seinem sozialen Vater verwandt. Auch bei anderen isolierten Populationen kann man dies beobachten, wie zum Beispiel beim Seychellen-Rohrsänger, der auf der kleinen Seychellen-Insel Cousin lebt. Die Partner sind oft miteinander verwandt, und bei außerpaarlichen Kopulationen kann das Weibchen auch andere Familienmitglieder erwischen.

Blaumeise

Farben machen den Mann

Blaumeisen sind beliebte Forschungsobjekte. Sie leben in Menschennähe und ihre Nistkästen sind leicht zu kontrollieren. Daher wissen wir sehr viel über ihre Strategien. Im Allgemeinen leben sie »sozial monogam«: Sie bilden ein Paar (Männchen und Weibchen), aber zwischendurch paaren sie sich auch mit anderen Blaumeisen. Männchen können so bis zu 30 Junge mit vier oder fünf Weibchen zeugen. Das sind dann die »Top-Männchen«. Weibchen selektieren sehr sorgfältig, sie bevorzugen ältere Männchen. Denn wenn ein Männchen älter ist, erweist es sich als fitter Überlebender. Es gewinnt öfter Kämpfe, ist ein Schwergewicht und in guter Kondition. Es singt abwechslungsreicher und ist leicht an seinem intensiv gefärbten blauen »Käppi« zu erkennen. Diese intensivere Farbe ist auf die Reflexion von ultraviolettem Licht zurückzuführen. Etwas, das wir Menschen nicht sehen können, die meisten Vögel aber schon, und Blaumeisen ganz sicher. Je älter die Blaumeise ist, desto mehr Ultraviolett wird reflektiert und das blaue Käppi leuchtet in den Augen der Artgenossen grell auf.

Die Paarung mit einem attraktiven Nachbarn erfolgt wie bei vielen anderen Singvögeln heimlich, weil das Weibchen ansonsten riskiert, dass sich sein Partner bei der Fütterung der Jungen nicht voll einsetzt. Woher genau er das weiß – ob es sich mit einem anderen

paart oder nicht –, ist nicht bekannt. Vielleicht achtet er darauf, wie lange es vom Nest entfernt ist.

Es ist jedoch sicher, dass sein Partner in vielen Fällen nicht nur seine eigenen Jungen aufzieht, sondern auch die eines anderen. Erstaunlicherweise kann das Weibchen steuern, dass zuerst die Jungen vom starken, älteren Nachbarn schlüpfen. Untersuchungen haben ergeben, dass die Jungen aus dem ersten und zweiten Ei fast immer außerehelich sind. In einem Zeitraum von etwa elf Tagen legt es jeden Tag ein Ei. Die ersten Eier werden zuerst ausgebrütet und die Jungen sind daher größer und stärker als die anderen. Neun von zehn Jungen überleben das erste Jahr nicht, aber die zuerst geschlüpften haben eine bessere Überlebenschance.

Interessanterweise kann die Meisenfrau auch das Geschlecht des Jungen, das zuerst schlüpfen soll, beeinflussen: Es sind fast ausschließlich Männchen. Von ihrem eigenen Partner bekommt sie fast nur Töchter. Es ist immer noch ein Rätsel, wie sie das Geschlecht beeinflussen kann. Vermutlich ist es hormongesteuert und hat mit dem Testosteronspiegel zu tun, einem männlichen Geschlechtshormon, das auch bei Frauen vorhanden ist, allerdings in geringeren Mengen. Je länger das Weibchen auf dem Nest sitzt, desto mehr reduziert sich die Testosteronmenge. Und weniger Testosteron erhöht die Wahrscheinlichkeit, dass sich ein weiblicher Sprössling aus dem Embryo entwickelt. In jedem Fall ist es für das Weibchen vorteilhafter, Söhne von einem attraktiven, erfolgreichen Männchen zu bekommen als von einem unattraktiven. Das attraktive Männchen wird attraktive Söhne haben, die wiederum für mehr Enkelkinder sorgen – weil sie sich mit vielen Weibchen paaren –, als die Söhne der weniger attraktiven. Warum wählt es dann nicht direkt einen starken Mann als Partner? Vermutlich hat die kurze Brutzeit etwas damit zu tun. Es bleibt nicht viel Zeit und die Konkurrenz ist groß. Die beste Strategie besteht also darin, einen Partner zu wählen, der bei der Erziehung der Jungen hilft, und zwischendurch mit dem attraktiven Nachbarn für starke Nachkommen zu sorgen.

Dreiecksbeziehung

Für viele Arten ist eine Beziehung dreier Partner eher die Ausnahme als die Regel. Aber die Publikationen der niederländischen Vogelarbeitsgruppen berichten regelmäßig von Dreiecksverhältnissen: drei Vögel mit nur einem Nest. Laut dem Biologen Dik Heg brüten mindestens 35 Vogelarten regelmäßig gemeinsam. In vielen Fällen handelt es sich um ein Männchen mit zwei Weibchen im Nest, wobei es vorkommen kann, dass eines der beiden noch nicht erwachsen ist. Nur selten erzielt ein Eltern-Trio positive Ergebnisse, manchmal verlassen alle drei das Nest, bevor die Jungen groß sind. Das kann man besonders bei Greifvögeln beobachten.

Einige Beobachtungen aus den ornithologischen Fachblättern:

> *Im Jahr 2015 entdeckten zwei Vogelberinger in der Nähe von Haskerhorne in Friesland sechs Junge in einem Bussardhorst, während ein Bussard normalerweise nur bis zu vier Eier legt. Zwei Jungen sahen älter aus als die anderen vier. Die Vogelberinger vermuteten zwei verschiedene Mütter, und tatsächlich kreisten schon bald drei Bussarde über ihren Köpfen.*
>
> Barkema L. & Osinga T., »Eine besondere Entdeckung beim Hinaufklettern zum Bussardnest Buteo buteo: sechs Junge und drei Eltern«, De Takkeling 23, 2015

In Zeewolde fand ein Vogelberinger in einem Nistkasten für Schleiereulen zwei Turmfalkenbruten. Ein Gelege bestand aus drei kalten Eiern, also einer erfolglosen Brut, und das andere aus fünf Jungen. Als die Beringung startete, flogen drei erwachsene Turmfalken mit Beute und unter lauten Alarmrufen zum Nistkasten.

Liosi, A., »Drei Turmfalken füttern ein Nest mit Jungen?«, Op het Vinkentouw 87, 1998

Und es gibt einen bekannten Fall in Haren, wo zwei Sperberweibchen schwesterlich nebeneinander auf dem Nest saßen. Es war jedoch keine so glückliche Dreiecksbeziehung, denn nach einer Weile wollten sie nicht mehr gleichzeitig aufs Nest. Die eine bestand darauf, den Nachwuchs alleine zu versorgen, und kroch unter die andere, wenn diese versuchte, die Jungen zu hudern. Nach dieser Kabbelei brachte das »verstoßene Weibchen« zusammen mit dem Männchen noch einige Wochen lang Beute. Aber schließlich blieb das versorgende Weibchen mit den Jungen allein, denn das Männchen tauchte dann auch nicht mehr auf. Die beiden Jungen sind jedoch erfolgreich ausgeflogen.

Bos J. & Van Kooten T., »Geteilte Brutsorge von zwei Sperberweibchen«, Limosa 66, 1993

Man beobachtet diese Art von Experimenten in Sachen geteiltes »Sorgerecht« nicht nur bei Greifvögeln, sondern auch hin und wieder bei Austernfischern. Zum Beispiel beobachtet der Vogelforscher Wim Tijsen in seinem Forschungsgebiet seit über fünf Jahren drei Austernfischer, die gemeinsam erfolgreich eine Brut aufgezogen haben. Sie wechseln sich ab, sitzen abwechselnd auf dem Nest und alle drei beschaffen Futter. Das verläuft harmonisch und scheint daher gut zu funktionieren.

Kooperative Polygynie nennt man das. Aber es läuft nicht immer so harmonisch. Die Ökologen Dik Heg und Rob van Treuren sahen während ihrer jahrelangen Austernfischer-Forschung auf der Westfriesischen Insel Schiermonnikoog, dass unter 57 Prozent der Trios viel Feindseligkeit herrscht: aggressive Polygynie. Was geht dort vor? Alleinstehende Weibchen – oft Witwen – versuchen, ihre Nachbarinnen mit Gewalt zu verjagen. Manchmal fließt dabei sogar Blut. Es kommt vor, dass beide Weibchen nicht nachgeben wollen, und dann teilen sie sich ein Männchen, aber jedes mit seinem eigenen Nest. Leider nicht sehr erfolgreich, denn eine derart komplizierte Dreiecksbeziehung schafft es nicht, für Nachkommen zu sorgen. Die Eier kühlen ab – weil Männchen und Weibchen abwechselnd brüten und das ist bei zwei Nestern schwierig – oder die Eier werden aufgefressen. Warum aber steckt ein alleinstehendes Weibchen so viel Energie in ein derart mühsames Projekt? Wahrscheinlich hat das mit der begrenzten Fläche auf der Salzwiese zu tun. Die Territorien liegen dicht beieinander und es wird um jeden einzelnen Platz gekämpft.

Tagebuchauszüge

Hausfreunde

Jeden Winter treibt sich ein Paar weißer Hausgänse im und am Wassergraben in meiner Nachbarschaft herum. Mal sitzen sie auf der einen Seite, dann auf der anderen brüderlich (oder schwesterlich?) nebeneinander. Ich sehe sie nie in der Luft und ich vermute stark, dass sie gar nicht fliegen können.

In diesem Frühjahr sah ich plötzlich zwei auffällige Familien in der Nähe desselben Grabens. Jede Familie bestand aus zwei Graugänsen, einer Reihe von Jungtieren (sieben bzw. zwölf, wobei eventuell Adoptionen im Spiel waren, denn eine Graugans legt durchschnittlich nur fünf bis sieben Eier) und einem »Hausfreund«: eine weiße junge Hausgans. Anscheinend hatten die weiblichen oder männlichen Hausgänse beschlossen, sich während der Brutzeit einem Graugänsepaar anzuschließen. Eine Dreiecksbeziehung.

Die Hausgänse sind alle weiß und haben einen orangefarbenen Schnabel. Das Äußere reicht mir nicht für eine Geschlechterbestimmung, aber sie sind ziemlich wachsam. Es würde mich nicht wundern, wenn es Männchen wären. Ein kinderloses schwules Paar, das doch Nachwuchs haben möchte. Nach den Jungen zu urteilen, haben die Hausfreunde ihre Gene nicht weitergegeben: Es sind ganz normal aussehende junge Graugänse. Hausgansküken sind zunächst leuchtend gelb, werden dann immer heller und nach etwa vier Wochen sind sie so weiß wie ihre Eltern.

Beide Familien hielten sich immer in derselben Ecke auf, aber in einem gewissen Abstand voneinander. Als die Jungen etwas größer wurden und längere Entfernungen zurücklegen konnten, traten die beiden Familien als eine geschlossene Gruppe auf. Mit den beiden Hausfreunden als Leibwächter, wachsam und nach allen Seiten sichernd, während der Rest der Gruppe nach Essen suchte. Vom Ufer aus sah ich sie immer wieder in der gleichen Reihenfolge ins Wasser gleiten: zuerst die jungen, dann die erwachsenen Graugänse und schließlich die Hausfreunde, von denen immer einer etwas länger stehen blieb, um mich zum Abschied mit einem stechenden Blick zu durchbohren.

Es hatte etwas Berührendes, dass diese beiden weißen Gänse eine so wichtige Stellung eingenommen und Familienanschluss gefunden hatten. Die Familien blieben bis zum 3. August zusammen. An diesem Tag sah ich, wie die Graugänse lautstark aufflogen, während die Hausgänse zusammen am Ufer ihres vertrauten Grabens blieben. Sie schauten auf und einer von ihnen schnatterte den Reisenden hinterher. Zum Glück hatten sich die beiden noch, diese weißen, netten Dickerchen.

Mehrehen und andere Extreme

Wie bereits erwähnt, kommen alle Formen von Beziehungen, die wir bei Menschen kennen, auch bei Vögeln vor. So auch der Harem: ein Männchen mit mehreren Weibchen gleichzeitig, Polygynie oder auch Vielweiberei genannt. Auch der umgekehrte Fall kommt vor, ist aber viel seltener: ein Weibchen, das ein Nest mit mehreren Männchen gleichzeitig hat, Polyandrie oder auch Vielmännerei genannt.

Bei Rohrweihen kann man Mehrehen regelmäßig beobachten. Normalerweise sind diese Greifvögel monogam, aber in optimalen Brutgebieten haben die Männchen oft einen Harem. Jedes Weibchen hat sein eigenes Nest und wird vom Männchen mit Beute versorgt. Die Forscher Altenburg und Zijlstra untersuchten dies im Nationalpark Lauwersmeer. Sie konnten nachweisen, dass Männchen mit mehreren Weibchen durchschnittlich eine Woche früher mit der Brut beginnen als die monogamen Paare, dass ein polygames Männchen mit seinen verschiedenen Weibchen doppelt so viele Eier hat und dass am Ende der Brutsaison doppelt so viele Junge schlüpfen. Es lohnt sich also, mehr als eine Frau zu haben. Eine bemerkenswerte Schlussfolgerung aus dieser Untersuchung ist, dass es eine maximale Anzahl von Jagdstunden zu geben scheint, die ein Männchen pro Tag leisten kann: Bei etwa acht Stunden ist die Obergrenze erreicht (bei Turmfalken sind es vier Stunden pro Tag). In der restlichen Zeit muss es sich ausruhen. Dies gilt sowohl für Männchen mit einer Frau als auch für Männer mit zwei oder mehr Frauen. Wenn es also nicht mehr Jagdzeit zur Verfügung hat, wie schafft es dieses Männchen mit mehreren Nestern dann, alle Schnäbel zu stopfen? Ganz einfach: Es fängt mehr und vor allem größere Beutetiere. Dabei fängt ein Männchen mit drei Weibchen wiederum noch größere Beute als eines mit zwei Weibchen. An der Größe der Beute erkennt man das Männchen. Den Forschern zufolge ist diese Eigenschaft eines Männchens – zusätzlich zur Beschaffenheit des Brutgebiets – ein entscheidender Faktor dafür, mehrere Weibchen zu haben.

Auch bei Singvögeln kommt vereinzelt Vielweiberei vor. Beim Eisvogel und Trauerschnäpper zum Beispiel. Sobald der Trauerschnäpper im Frühjahr aus Afrika zurückkehrt, besetzt er ein Territorium, verführt ein Weibchen und dieses baut dann ein Nest. Währenddessen erobert das Männchen ein neues Territorium und lockt ein zweites Weibchen an. Manchmal tut er dies sogar noch ein drittes Mal. Das erste Weibchen hat Glück, es kann bei der Fütterung der Jungen auf seine Hilfe zählen. Das zweite sieht das Männchen nur ab und zu, aber das dritte ist absolut alleinerziehend. Auch für das zweite Weibchen scheint es nachteilig zu sein, es bekommt weniger Junge als das erste Weibchen, schätzungsweise 20 Prozent weniger. Es kann jedoch trotzdem vorteilhaft sein, sich mit einem solchen Männchen einzulassen, zum Beispiel aufgrund der Qualität seines Territoriums oder seiner Gene. Es könnte aber auch sein, dass es nicht einmal weiß, dass das Männchen bereits mit einer anderen verheiratet ist. Im Südwesten der Provinz Drenthe wird der Trauerschnäpper genau beobachtet, und offenbar haben vier Prozent der Männchen zwei Weibchen, jedes mit seinem eigenen Nest. Einmal kam es sogar vor, dass zwei Weibchen in einem Nest brüteten. Sie wussten also sehr gut voneinander. Und hatten offensichtlich keine Probleme damit.

Wo es Polygynie gibt, muss es auch Polyandrie geben. Und tatsächlich steht bei einigen Arten den Weibchen ein Harem von Männchen zur Verfügung. Es kann zeitgleich mehrere Nester mit verschiedenen Männchen haben. Oder eine Konstellation wie beim Galapagosbussard: Das Weibchen hat mehrere Männchen, die sich zusammen mit ihm um das eine Junge kümmern, das es produziert. Ein solches Weibchen kann einen Harem von bis zu acht Männern haben. Es ist möglich, dass ein Mangel an geeigneten Territorien diese Beziehungsvariante begünstigt. Auf jeden Fall hat das Junge bei so viel »väterlichem« Schutz eine bessere Überlebenschance.

Bei Schnepfenvögeln wie dem Drosseluferläufer, dem Mornellregenpfeifer, dem Thors- und dem Odinshühnchen ist Polyandrie häufig anzutreffen. Die Weibchen haben Nester mit mehreren Männchen. Das Weibchen muss lediglich die Eier legen und dann muss sich das Männchen um den Rest alleine kümmern, während das Weibchen wieder auf Partnersuche geht. Die Männchen brüten die Eier aus und ziehen die Jungen auf. Sogar in der äußerlichen Erscheinung spiegelt sich dieses Verhalten wider: Normalerweise haben die Männchen die schönsten Federn, aber bei den vorgenannten Arten ist das Weibchen viel prächtiger gefärbt als das Männchen und bei Balz und Paarung ergreift es die Initiative. Das bezeichnet man als umgekehrten Sexualdimorphismus. Abgesehen von der Eiablage zeigt das Weibchen also das Aussehen und Verhalten, das bei den meisten anderen Arten das Männchen an den Tag legt.

Diese auffällige Aufgabenteilung von Nisten und Brutpflege hat mit der Energieverteilung und der extrem langen Strecke ins Winterquartier zu tun. Viele Schnepfenvögel nisten nördlich, sie sind hocharktische Arten. Von ihren Winterquartieren im Süden legen sie eine extrem lange Strecke in den hohen Norden zurück. Sie haben dann nur einen kurzen Polarsommer von sechs bis acht Wochen zur Verfügung, in dem alles erledigt werden muss. Für Weibchen erfordern der lange Weg und die Produktion der Eier viel Energie. In einem so kurzen Polarsommer haben sie nicht die Zeit, sich von der langen Reise zu erholen, und deshalb ist die Rollenverteilung eine effiziente Option, wenn es um die Brutpflege und das Vorhandensein mehrerer Gelege geht.

Ein extremes Beispiel für Effizienz, angepasst an diese rauen Bedingungen, ist der Dunkle Wasserläufer: ohne Haremsverhalten, aber mit einer speziellen Fortpflanzungsstrategie. Es ist ein wunderschöner, dunkel gefärbter Watvogel, der in den Niederlanden regelmäßig als Durchzügler im Dollard, im Wattenmeer und in den Oostvaardersplassen auftaucht. Er nistet in offenen arktischen Hochmoorgebieten von Nordskandinavien bis Ostsibirien. Das Weibchen legt die Eier und fliegt dann ab Mitte Juni sofort wieder in den Süden zurück. Das Männchen bebrütet die Eier und kümmert sich um die Jungen. Wenn sie erwachsen sind, zieht auch das Männchen Richtung Süden. Die Jungvögel bleiben noch eine Weile, um für den Zug zu Kräften zu kommen, und schließlich machen sie sich auch auf die Reise. Sie sind Langstreckenzieher und ihre Winterquartiere liegen in Afrika, südlich der Sahara.

Zum Schluss noch ein besonderes Beispiel eines arktischen Strandläufers, der wiederum eine ganz eigene Strategie entwickelt hat:

der Zwergstrandläufer. In den Niederlanden zeigt er sich von Mai bis Oktober auf den Wattflächen und manchmal in Feuchtgebieten im Landesinneren. Er nistet in der Tundra in den Polarregionen und überwintert in Zentral- und Südafrika. Die Strandläufer praktizieren die Doppelgelege-Strategie: Männchen und Weibchen brüten unabhängig voneinander ein Gelege aus. Sie bauen kein Nest, der Nistplatz besteht nur aus einer Bodenmulde, in die mehrere Weibchen drei bis fünf Eier legen. Die Paarung erfolgt mit mehreren Partnern, sodass ein Gelege in der Regel mehrere Elternteile hat, aber nur von einem ausgebrütet wird. Auch Monogamie kommt vor, und in diesem Fall brüten Männchen und Weibchen gemeinsam ein Gelege aus. Übrigens praktizieren noch mehr Strandläufer die Doppelgelege-Strategie: Temminckstrandläufer und schätzungsweise zehn Prozent der Sanderlinge.

Ehe für alle

Vor einigen Jahren tauchten Artikel über eine homosexuelle Beziehung unter Vögeln auf: Zwei verliebte Pinguinmännchen im Amsterdamer Zoo ARTIS versuchten gemeinsam ein gestohlenes Ei auszubrüten. Und zuvor machten Schlagzeilen über zwei Kaiserpinguine in einem dänischen Zoo die Runde: »Schwule Pinguine in freudiger Erwartung« und »Schwule Pinguine sind stolze Papas eines verwaisten Kükens«.

Suchen Sie im Internet nach »schwule Pinguine«, und es wimmelt nur so von Zoo-Berichten aus dem In- und Ausland über schwule Pinguine, die Eier adoptieren, um ein verstorbenes Junges trauern, oder schwule Paare, die sich scheiden lassen. Der ganze Trubel um das schwule Eierdieb-Pinguinpaar brachte ARTIS auf die Idee, sich mit der jährlichen *Gay Pride* zu vernetzen: Es gibt Sonderführungen, manchmal in Kombination mit Vorträgen, bei denen die Besucher Wissenswertes über schwule Tiere im Zoo und im Tierreich im Allgemeinen erfahren. Von Elefanten über Affen bis hin zu Vögeln: Fast alle Arten weisen irgendeine Form von homosexuellem Verhalten auf.

Im 770 Seiten dicken Buch *»Biological Exuberance: Animal Homosexuality and Natural Diversity«* (Biologische Überschwänglichkeit: Homosexualität bei Tieren und natürliche Vielfalt) des kanadischen Biologen Bruce Bagemihl erfährt man, dass homosexuelles Verhalten bei mehr als 470 Tierarten beobachtet wurde. Und der australische Forscher Geoff McFarlane schreibt in der Zeitschrift *»Animal Behaviour«*, dass homosexuelles Verhalten bei mindestens 130 Vogelarten beobachtet wurde. Ist das nicht sehr unpraktisch, da sich in der Natur doch alles um die Fortpflanzung drehen soll? Kommt hier nicht doch die leidenschaftliche Liebe ins Spiel bei der Wahl eines gleichgeschlechtlichen Partners? McFarlane nennt andere Motive: Eine homosexuelle Beziehung kann Tieren helfen, aggressive Interaktionen zu vermeiden, sie stärken Beziehungen untereinander und können möglicherweise in der Rangordnung aufsteigen, was ihnen Zugang zu besseren Futterplätzen verschafft.

Letzteres kann man bei Gänsen beobachten. Diese könnte man als »Gelegenheits-Homopärchen« bezeichnen. In der Konrad Lorenz Forschungsstelle in Österreich, wo Graugänse seit Jahrzehnten aufmerksam beobachtet werden, schaute man sich unter anderem die Paarbildung an. Es handelt sich um eine Gruppe von 150 bis 200 Gänsen. Eine Paarbindung sorgt dafür, dass man als Gans in der Hierarchie weiter oben steht. Wenn man Nachwuchs bekommt, und zwar möglichst viel, dann zählt man wirklich zur Spitze. Aber nicht alle Gänse haben Junge und einen Partner. Manchmal gehen sie dann eine homosexuelle Beziehung ein, nur um als Paar in dieser Hierarchie aufzusteigen. Wenn man allein ist, steht man ganz unten. Oft sind die Gänse, die eine homosexuelle Beziehung eingehen, miteinander verwandt, beispielsweise zwei Brüder oder zwei Schwestern. Sie ziehen zwar als Paar zusammen los, aber sie haben kein Nest. Und sobald sie einen Partner des anderen Geschlechts finden, bilden sie mit ihm ein Paar.

Aber das ist lange nicht bei allen gleichgeschlechtlichen Paaren so. Manchmal bleiben sie ihr ganzes Leben lang zusammen und die Männchen oder Weibchen hegen auch einen Kinderwunsch, wie die ARTIS-Pinguine bereits demonstriert haben. Die Männchen lösen dies, indem sie einem heterosexuellen Paar ein Ei stehlen und es selbst bebrüten. Auch bei Flamingos wurde das beobachtet. Wieder in einem Zoo, diesmal im Rotterdamer Tiergarten Blijdorp, wo zwei schwule Männchen erfolgreich ein Junges aus einem adoptierten Ei aufgezogen haben. Und in einem englischen Naturschutzgebiet gab es auch ein schwules Flamingo-Paar, das sechs Jahre lang zusammen war und ständig versuchte, Eier aus den Nestern anderer Vögel zu stehlen. Dies scheiterte immer, bis die Parkverwalter ein verlassenes Nest mit einem Ei fanden und das schwule Pärchen sich darum kümmern durfte. Sie haben ihr Junges erfolgreich aufgezogen. Mit zwei Vätern sind die Jungen besonders gut behütet und Flamingo-Küken von schwulen Männchen haben eine noch größere Überlebenschance als die von Hetero-Eltern.

Beziehungen zwischen zwei Männchen sind häufiger als zwischen zwei Weibchen, aber bei den Albatrossen gibt es mehr lesbische Paare. Dies kann besonders gut auf der Insel O'ahu (Hawaii) beobachtet werden und es könnte mit einem Männermangel zusammenhängen. Im Nordwesten der Insel in Ka'ena Point scheint ein Drittel aller Albatrosse aus gleichgeschlechtlichen Paaren zu bestehen. Statt Stress als Alleinerziehende entscheiden sich die Weibchen für den einfacheren und erfolgreicheren Weg der gemeinsamen Brutsorge. Albatrosse bilden ein Paar fürs Leben, und das gilt auch für die weiblichen Pärchen. Einige sind seit mehr als 19 Jahren zusammen und ziehen erfolgreich Junge groß. In der Paarungszeit kommt ein Männchen zwecks Befruchtung vorbei, um seinen Beitrag zu leisten.

Danach darf es wieder von der Bildfläche verschwinden. Bei Albatrossen dauert die Aufzucht der Jungen neun Monate bis zu einem Jahr.

Homopärchen gibt es auch bei anderen Seevögeln, wie Möwen und Seeschwalben.

Homosexuelles Verhalten

Normaler Bestandteil der Natur

Charlotte Vermeulen ist Biologin im Amsterdamer Zoo ARTIS und nach ihren eigenen Worten »Expertin für tolle Geschichten«. Ihre erste Tour über homosexuelles Verhalten in der Tierwelt fand im Jahr 1991 statt. Heute bietet sie hauptsächlich Vorträge und Seminare zu diesem Thema sowie Presseführungen an.

»Man hört oft die Frage: Bei welchen Tieren kommt homosexuelles Verhalten vor? Aber ich frage mich: bei welchen Tiere nicht? Homosexuelles Verhalten ist ein normaler Bestandteil der Natur. Untersuchungen an Menschen und Schafen haben gezeigt, dass bei einer großen Zahl an Nachkommen eher eine Chance auf homosexuellen Nachwuchs besteht. Homosexualität ist einfach eine sexuelle Orientierung, die auch im Tierreich verbreitet ist.

Man sieht sie überall um sich herum. In der Stadt kann man Rüden sehen, die beim anderen aufreiten, und auf dem Land Kühe, die sich gegenseitig besteigen. Es stimmt nicht, dass es in Zoos häufiger vorkommt, was auch die entsprechende Literatur zeigt. Es verhält sich jedoch schon so, dass homosexuelles Verhalten in Zoos leichter zu beobachten ist, weil man das Geschlecht der Tiere kennt und die Tiere markiert sind, sodass man weiß, wer wer ist. Man kann sie auch oft am Nest beobachten. Manchmal befinden sich doppelt so viele Eier in einem Nest und dann weiß man, dass dort zwei Weibchen sind. Oder zwischen den Flamingo-Nestern sieht man plötzlich ein Nest, das viel größer ist als der Rest, ein Nest in XXL. Wenn man weiß, dass bei den Flamingos die Männchen die besseren Nestbauer sind, dann weiß man auch, dass dieses Nest zwei Männchen gehört.

Bei Vögeln, die von Natur aus monogam sind, wie Geier, Pinguine und Flamingos, kann man beobachten, dass Homopärchen ihr ganzes Leben lang zusammenbleiben. Die Vorstellung, dass alles in der Natur auf Fortpflanzung ausgerichtet ist, ist eine weitverbreitete Annahme, die nicht der Realität entspricht. Es gibt eine Menge nicht-reproduktiven Sex in der Natur und dafür gibt es viele Beispiele. Tiere, die sich paaren, wenn sie schwanger oder unfruchtbar sind, oder Sex mit einem gleichgeschlechtlichen Partner. Über die Liebe kann ich nichts sagen, aber wenn ich mir sich paarende Tiere ansehe, habe ich den Eindruck, dass es ihnen auch Spaß macht.

Auch ein wichtiger Aspekt dabei ist, dass bei vielen Vogelarten Männchen und Weibchen gemeinsam ein Nest bauen, gemeinsam brüten und die Jungen gemeinsam aufziehen. Der Drang zum Nisten, Brüten und Aufziehen der Jungen ist sowohl bei Männchen als auch bei Weibchen tief verwurzelt. Wenn also zwei Männchen zusammen sind, wollen sie auch ein Nest bauen und ein Ei ausbrüten: Der Drang ist genauso groß wie bei einem Heteropärchen. Wir sehen es hier im Zoo bei Pinguinen, Löfflern, Flamingos und Gänsegeiern. Manchmal haben wir ein Ei zu viel, und dann legt der Pfleger dieses Ei in das Nest des Homopärchens. Wir haben auch ein lesbisches Pinguin-Paar, das von einem Single-Mann erfuhr und nun zusammen mit ihm ein Trio bildet. Die Pinguine wechseln sich beim Brüten ab, was bei diesem Trio noch nicht so gut klappt, aber vielleicht bekommen sie den Dreh noch raus.«

Wer kümmert sich um die Jungen?

Wer sich um die Jungen kümmert, ist je nach Art sehr unterschiedlich. Oft beide Partner, manchmal aber auch nur das Weibchen oder nur das Männchen. Meistens kann man am Gefieder erkennen, ob das Männchen bei der Aufzucht hilft oder nicht. Wenn Männchen und Weibchen gleich aussehen, teilen sie sich meistens das Brutgeschäft. Das ist beispielsweise bei Störchen, Steinkäuzen und Eisvögeln der Fall. Und im Allgemeinen kann man sagen, dass die auffallend ausstaffierten Männchen hauptsächlich damit beschäftigt sind, mehrere Weibchen zu verführen. Sie paaren sich und überlassen dann dem Weibchen das Nisten und Ausbrüten. Leuchtende Beispiele hierfür sind die Paradiesvögel und Kampfläufer. Aber es ist nicht alles so schwarz-weiß und viele »Zwischenformen« sind möglich.

Nehmen Sie den Kiebitz. Das Männchen ist intensiver gefärbt als das Weibchen und hat eine längere Haube (Federholle) als das Weibchen. Wenn wir »Machos« in der Vogelwelt küren wollten, käme der Kiebitz für diesen Titel durchaus in Frage. Den ganzen Tag lang ist er damit beschäftigt, die Aufmerksamkeit der Weibchen auf sich zu ziehen, durch die Luft zu flattern und Eindringlinge zu verjagen. Der eine Kiebitz gibt mehr an als der andere: Einige begnügen sich mit einem Weibchen, aber im Durchschnitt haben 30 Prozent der

Kiebitze mehrere Weibchen mit je einem Nest. Manchmal bis zu vier Weibchen auf einmal. Es bleibt nicht viel Zeit, auf dem Nest zu sitzen und sich mit dem Weibchen abzuwechseln. Im Durchschnitt sitzt ein Männchen 20 Prozent der Zeit auf den Eiern. Aber das ist ein Durchschnitt, in manchen Nestern beteiligt sich das Männchen überhaupt nicht am Ausbrüten. Da es sich oft um Männchen handelt, die sich auf mehrere Nester aufteilen müssen, ist ihr Anteil an der Brutpflege noch geringer als bei Männchen mit nur einem Weibchen. Nachts sitzt kaum ein Männchen auf dem Nest. Tagsüber ist es so sehr damit beschäftigt, Eindruck zu schinden und zu verführen, was ihm viel Energie kostet, dass es nachts wahrscheinlich vor allem auf Nahrungssuche ist und sich ausruht.

Und dann die Beutelmeise. Forscher haben gelegentlich versucht, ein mathematisches Modell für die Beutelmeise zu entwickeln, aber es ist ihnen nicht gelungen, das Verhalten damit zu beschreiben. Ihr Fazit lautet, dass es an Logik mangelt. Es beginnt mit dem Bau eines hochkomplizierten Nests in Form eines Beutels. Das Männchen steckt eine Menge Zeit und Energie in diese Arbeit, die es jedoch nicht ganz zu Ende bringt. Sobald ein Weibchen ins Spiel kommt, darf es die Regie für die letzte Bauphase übernehmen, mit der das Männchen noch etwa zwei Wochen beschäftigt sein wird. Und dann kommt es: Das Einzigartige an der Beutelmeise ist, dass sich die Eltern sofort trennen, sobald die Eier gelegt wurden. So lässt daher einer der beiden Eltern die befruchteten Eier im Stich und sucht sich einen anderen Partner, nach all den Anstrengungen, die in das Nest gesteckt wurden. Der zurückgelassene Elternteil zieht die Jungen auf. Aber in 30 Prozent der Fälle verlassen sogar beide Eltern das Nest und lassen die befruchteten Eier im Stich.

Neben der Brutsorge durch einen oder beide Partner gibt es noch eine weitere Variante. Einige Eltern bekommen Hilfe im Haushalt: Töchter aus einem früheren Nest, die beim neuen Nest aushelfen. Der amerikanische Biologe Alexander Skutch führte den Begriff *»helpers at the nest«* bereits 1935 ein und beschrieb später, 1961, in der Zeitschrift *»The Condor«* 20 Vogelarten, bei denen dies vorkommt. Am häufigsten findet man dieses Phänomen bei amerikanischen Teichhühnern, Rauchschwalben, Mehlschwalben, Rotkehl-Hüttensängern und Purpurmaskentangaren.

Aber auch bei dem Seychellen-Rohrsänger kommt das vor. Dies ist vielleicht die am meisten untersuchte Vogelart oder zumindest Gegenstand der am längsten laufenden Vogelstudie. Seit über 20 Jahren wird dieser Rohrsänger von verschiedenen Biologen genauestens studiert. Eine Besonderheit war die Entdeckung, dass Töchter helfen, das folgende Nest mit Jungen aufzuziehen. Das geschieht wohl auch zum Teil aus der Not heraus: Die Vögel leben auf einer winzig kleinen Insel, die nicht gerade üppig mit Territorien ausgestattet ist, und so bleiben sie länger bei ihren Eltern im Nest. Auf der ganzen Insel befinden sich etwa 200 m^2 große Territorien, in denen durchschnittlich zwei bis sechs Seychellen-Rohrsänger leben. Sobald also ein Platz frei wird, muss man blitzschnell zur Stelle sein. Wer zuerst kommt, mahlt zuerst.

Auch bei einem Starengelege wurde einmal beobachtet, dass sich ein Junges aus dem vorherigen Gelege bei der Aufzucht der folgenden Brut nützlich machte. Trotzdem ist dieses Verhalten beim Star sehr viel seltener als beim Seychellen-Rohrsänger oder es wurde bisher noch nicht beschrieben. Dieser eine Fall wurde 2015 von einer Webcam dokumentiert. Die Bilder zeigen, wie ein Jungvogel aus dem ersten Gelege die Jungen aus dem zweiten Gelege füttert. Er fuhrwerkte auch am Nest herum, was wohl unter Aufräumen fällt, brachte neue Zweige und entsorgte den Kot von einem der Jungen. Der hilfsbereite Jungvogel suchte eigenständig nach Nahrung, aber setzte sich auch am Eingang des Nistkastens in Positur und bettelte um Futter. Das Futter, das er von seinen Eltern bekam, fraß er zum Teil selbst, und was übrig blieb, teilte er mit seinen jüngeren Geschwistern.

Eisvogel

Hier und da eine Frau

Jelle Harder beobachtet seit seinem 13. Lebensjahr Eisvögel, jetzt ist er 68 Jahre alt. »Aber es ist mehr als nur der Vogel, es ist auch das ganze Drumherum. Also ich finde das wunderbar, beim Kontrollgang mit einem Watanzug durch den Bach zu stapfen!« Er schrieb ein Handbuch und drehte einen Film darüber, wie man eine künstliche Eisvogelwand baut. Überall in den Niederlanden hält er gut besuchte Vorträge.

»Früher war der Eisvogel eine Besonderheit, aber jetzt ist er wegen der milden Winter viel häufiger anzutreffen. Im Jahr 2008 gab es knapp 1000 Brutpaare in den Niederlanden. Ein Spitzenjahr. 1995 führte ich die erste Erhebung für die Region Gooi en Vechtstreek durch: 21 Paare. In diesem Jahr habe ich 87 Paare gezählt. Ein Rekord! In den letzten Jahren hat die Zahl der Drittbruten pro Saison stark zugenommen. Im Jahr 2014 hatten 63 Prozent der Paare in der Region eine Drittbrut.

Dank der Biologen Margret Bunzel-Drüke und Olaf Zimball wissen wir, dass es bei Eisvögeln Vielweiberei, Vielmännerei und Partnerwechsel gibt. Sie erforschen schon seit über 40 Jahren Eisvögel im Landkreis Soest und beringen sowohl erwachsene als auch junge Vögel. Ich durfte sie ein Wochenende lang begleiten, in einem Watanzug durch den Bach. Beim Wiedereinfangen der beringten Vögel entdeckten sie, dass 10 bis 20 Prozent der Paare während einer Brutsaison ihre Partner wechseln. Und dass ein Männchen zwei verschiedene Weibchen mit zwei Gelegen gleichzeitig haben kann.

Manchmal zwei Kilometer voneinander entfernt. Besonders nach strengen Wintern ist dies häufiger der Fall. Das Weibchen zieht im Winter ein wenig umher und sucht offenes Wasser, aber das Männchen bleibt so lange wie möglich in der Nähe des Brutplatzes. Wenn also sein Eisloch zufriert, fängt es keinen Fisch mehr und stirbt. So entsteht der Überschuss an Weibchen.

Die Balzzeit beginnt etwa Ende Februar. Das Männchen ruft und bietet dem Weibchen einen Fisch an, um sein Vertrauen zu gewinnen und es in Stimmung zu bringen. Dabei wahren sie immer eine gewisse Distanz, sie sitzen nie eng beieinander auf einem Ast. Und wenn sie sich zu nahe kommen, rückt das Männchen zur Seite. Das Weibchen ist dominant. Gemeinsam bauen sie eine Brutröhre in ein sandiges Steilufer an einem Gewässer, wobei sie abwechselnd graben und Wache halten. Wenn die Eier da sind, wechseln sie sich auch beim Brüten ab.

Sind die Jungtiere ausgeflogen, füttern die Eltern noch maximal vier Tage lang. Manchmal beginnt das Weibchen bereits mit der nächsten Brut, während sich das Männchen noch um die Jungen kümmert. Sie bekommen aber eine Wegzehrung von ihren Eltern: Junge Eisvögel können bis zu 60 Gramm wiegen, während erwachsene Eisvögel etwa 40 Gramm wiegen. Sobald von ihnen verlangt werden kann, Fische zu fangen, müssen die Jungen verschwinden, und die Eltern können dann ziemlich aggressiv sein. Ich habe gesehen, wie eines dieser Jungen von seinem Vater über das Wasser gehetzt wurde. Der Junge ließ sich ganz flach auf das Wasser fallen, um dem Vater auszuweichen.

Auch gegenüber Eindringlingen können Eisvögel sehr aggressiv vorgehen und sogar versuchen, diese zu ertränken. Ein Freund von mir hat einmal einen Zaunkönig gesehen, der in einer Eisvogelwand in der Nähe eines Eisvogelnests nistete. Dieser Zaunkönig saß immer auf dem Ast, auf dem der Eisvogel seinen Ansitz hatte. Der Eisvogel verjagte ihn immer wieder, aber nach einer Weile wurde er richtig sauer. Denn plötzlich flog er zum Nest des Zaunkönigs, zog ein Junges heraus und ertränkte es.«

Nesthocker und Nestflüchter

Bei den Jungvögeln können wir zwischen Nesthockern und Nestflüchtern unterscheiden. Die Faustregel dafür lautet: Wo der Aufenthalt im Nest für die Jungen zu gefährlich ist, können sie sofort nach dem Schlüpfen auf eigenen Füßen stehen. Sie können sofort sehen, haben Daunenfedern und gehen schon auf Futtersuche. Die Vogeleltern bieten Schutz und Sicherheit. Dies sind die Nestflüchter und man findet sie vor allem bei Bodenbrütern. Die Küken der Wiesenvögel beispielsweise sind in ihrem Nest vielen Gefahren ausgesetzt, wie Mähmaschinen, die sie zermalmen können, oder Füchsen auf der Suche nach leichter Beute. Allerdings können sie diesen Gefahren auch als Nestflüchter nicht immer ausweichen. Auch Entenküken wären in einem Nest am Ufer eine sehr leichte Beute.

Wenn man als Vogel ein Nest hoch oben im Baum hat, ist die Gefahr naturgemäß geringer. Darüber hinaus müssen die Jungtiere zuerst flügge werden, um das Nest sicher verlassen zu können, und die Ausbildung der Flügel und Federn braucht seine Zeit. Diese Nesthocker werden blind und manchmal völlig nackt geboren. Absolut hilflos also. Die Eltern bringen einige Wochen lang Futter zum Nest, bis die Jungen ausfliegen. Sie können nicht direkt gut und weit fliegen, denn das erfordert etwas Übung. In dieser Phase hocken sie oft laut rufend zusammen in den Baumkronen.

Die Rotschenkel-Küken sind Nestflüchter und ihre Eltern teilen sich die Erziehung gleichberechtigt auf. Es gibt eine nette Anekdote von einer englischen Rotschenkel-Mutter, die ihren frisch geschlüpften Nachwuchs »unter die Arme« klemmte, um ihn an eine bessere Futterstelle zu bringen, einige Hundert Meter entfernt. Lange Zeit hatte man sich darüber lustig gemacht, aber mittlerweile tauchen immer mehr Geschichten wie diese auf. Eine Rotschenkel-Mutter, die ihre Kleinen ins Watt von Balgzand transportiert und dazu über Gartenmauern klettert, durch das Wohngebiet trippelt, Bahngleise überwindet und sogar eine Schnellstraße überquert. Ein wahres Wunder! Einmal kam der Rotschenkel-Forscher Wim Tijsen zwecks Beringung zu einem Nest, hob vorsichtig die Vogelmutter hoch und sah zu seinem Erstaunen, dass drei Küken an ihrer Brust »festgeklebt« waren. Seiner Meinung nach ein Beweis dafür, dass es sich um sehr clevere Tiere handelt. Von allen Wiesenvögeln sind sie die einzigen, die heutzutage noch relativ gut auf unseren Wiesen überleben können, trotz der vielen Gefahren und Bedrohungen.

Tagebuchauszug

Groß und hilflos

Vor zwanzig Jahren bin ich das erste Mal mit einer Gruppe von Vogelberingern mitgegangen. Wir brachen beim ersten Hahnenschrei auf, um etwa ein gefühltes Viertel der Provinz Groningen »in die Finger zu bekommen«. Auf einem Bauernhof wurden Fangnetze für die kleineren Singvögel installiert. Für die große Arbeit, die Greifvögel, musste jedes Mal einer der beiden jugendlichen Beringer einen Baum hinaufklettern.

Der erste Horst im Baum gehörte einem Mäusebussard-Pärchen. Ich stand mit einem der Beringer unter dem Baum, während der andere, mit Steigeisen an den Beinen, überraschend schnell und geübt wie ein Affe in den Baum kletterte. An jenem Tag Anfang Juni herrschte eine brütende Hitze und das Wäldchen, in dem sich der Horst befand, bot auch kaum Kühlung. Die Bremsen klebten benommen an meinen schweißnassen Armen. Während ich darauf wartete, dass der Kletteraffe wieder herunterkam, wunderte ich mich, was ich dort eigentlich gerade machte und warum ich nicht einfach in meinem Garten in Gesellschaft der Gartenvögel ein Buch las. Der Kletterer holte die Jungen vorsichtig aus dem Nest, als wären es seine eigenen Babys, legte sie in seine Umhängetasche und seilte sich dann ab. Mama und Papa Bussard kreisten hoch über den Baumwipfeln und ließen ihren rätschenden Alarmruf Pi-ääh Pi-ääh erklingen. Unten öffnete sich die Tasche und obwohl ich es eigentlich erwartet hatte, überraschte mich der Anblick trotzdem: Sie waren so groß! Etwa 35 Tage alt und drei weit aufgerissene Schnäbel. Schon viele braune Federn, aus denen noch einige weiße Daunen herausschauten. Große gelbe Fänge. Hilflos flatterten sie mit den Flügeln. Ich hatte schon oft Meisenjunge in Nistkästen gesehen, niedliche Flaumbällchen, und jetzt diese jungen Bussarde: so groß und doch so hilflos. Was für ein Kontrast zu den Entenküken auf dem Wasser, die sofort schwimmen können, oder zu den Wiesenvogeljungen, die ihr eigenes Futter suchen. Der Unterschied zwischen Nesthockern und Nestflüchtern.

Adoption

Es gibt freiwillige Adoptionen, wie bei Gänsen, Schwänen und Enten, und unfreiwillige wie beim Kuckuck. Das ist wirklich ein Fall für sich, dieser Kuckuck. Das Weibchen legt ein Ei in das Nest einer anderen Art und kümmert sich kein bisschen um sein Junges. Mit dieser Methode kann es sechs bis 25 Eier legen! Aber alle in fremde Nester. Besonders Teichrohrsänger, Heckenbraunelle, Wiesenpieper, Bach- und Schafstelze werden bei dieser Aktion vergackeiert. Jedes Kuckucksweibchen hat ihren Liebling, der als Wirtsvogel bezeichnet wird. Sein Spezialgebiet. Aber diese bizarre Methode endet nicht mit der Eiablage im fremden Nest. Sobald das Kuckuckskind aus dem Ei geschlüpft ist, wirft es als Erstes die anderen Jungen aus dem Nest. Die Pflegeeltern rackern sich bei der Fütterung des riesigen Kükens ab, das viel größer als ihre eigenen Jungen ist. Hier liegt aber nicht nur eine arglistige Täuschung vor, sondern auch ein Wettrüsten.
Die unfreiwilligen Pflegeeltern sind auch nicht dumm. Irgendwann durchschauen sie die Tricks des Kuckucksweibchens und dann muss sich dieses wieder neue Strategien ausdenken. Nick Davies, Verhaltensökologe an der englischen Cambridge-Universität, hat diesem Thema ein ganzes Buch gewidmet und beschreibt darin ausführlich die erfolgreichen »Betrugsmaschen« des Kuckucks.

Kuckucksmethoden kommen auch bei Gänsen vor. Nonnengänse und Graugänse brüten oft gemeinsam in Kolonien: Zwischen den zusammengepressten Nestern liegen nur wenige Meter. Viele Weibchen in einer solchen Kolonie sind miteinander verwandt. Fast alle Weibchen kehren in ihre Heimatkolonie zurück und ziehen es vor, nahe bei ihren Müttern und Schwestern zu hocken. Das Ausbrüten der Eier ist Frauensache. Möglicherweise haben diese Familienbande etwas damit zu tun, dass die Weibchen so oft ein Ei im Nest eines anderen Weibchens legen. Auch ein Mangel an guten Brutplätzen spielt eine Rolle. Und ein Weibchen muss nun einmal seine Eier loswerden. Die Eiablage in einem fremden Nest erfolgt aber nicht immer reibungslos. Dem kann ein heftiger Kampf vorausgehen, bei dem sich die Nestbesitzerin auf die »Kuckucksgans« stürzt und ihr fast die Federn vom Kopf reißt. Nach einem fast einstündigen Ringkampf wird das Ei entweder erfolgreich ins Nest gelegt oder es ist aufgrund der vielen Kämpfe direkt daneben gelandet. Das Merkwürdige an der ganzen Sache ist dann aber, dass die Nestbesitzerin, wenn sie wieder allein ist, dieses »fremde« Ei in ihr Nest schiebt.

Umgekehrt adoptieren Gänse aber gelegentlich auch Küken aus anderen Nestern. Je mehr Kinder, desto mehr Freude, scheint das Motto zu sein. Es hat vor allem mit Prestige zu tun. Dominanz. Ein Junges mehr oder weniger fällt für die Eltern in Bezug auf den Aufwand nicht so ins Gewicht und außerdem erwirbt man als Gans mit einer Großfamilie mehr Ansehen und mehr Dominanz in der Kolonie. Eltern von Nonnengänsen mit den größten Familien sitzen an den besten Futterplätzen: saftige Grasflächen in Wassernähe. Der Biologe Maarten Loonen testete, wie das funktioniert: Er legte Eier in Nester von Eltern mit wenigen Jungen, also nicht so erfolgreiche Nonnengänse. Mit diesen zusätzlichen Eiern mutierten sie plötzlich zu Eltern einer Großfamilie, was ihnen mehr Prestige in der Gruppe und Zutritt zu den besten Weideflächen verschaffte. Es zahlt sich also aus, heimlich Küken von den Nachbarn zu »adoptieren«, wenn diese wegschauen. Auch für die Küken ist es vorteilhaft: In einer Großfamilie wachsen sie schneller und werden größer. Und größere Gänse bekommen mehr Nachwuchs.

Der Gänseforscher Berend Voslamber berichtet, dass Gänseküken manchmal von sich aus in ein anderes Nest wechseln. »Ich beobachtete einmal eine Lichtung auf einer Insel mit je einem Nest auf beiden Seiten. In dem einen lagen sieben und in dem anderen acht Eier. Sie schlüpften etwa zur gleichen Zeit und eines der Pärchen haute mit allen 15 Jungen ab. Das andere Paar blieb die ganze Zeit in der Nähe, und auf einmal sah man das kürzlich erst kinderlos gewordene Paar plötzlich mit drei Jungen und das andere Paar mit dem Rest. Bis sie fliegen konnten, wechselten die Jungen immer wieder die Seiten. Und sobald sie flügge waren, hatte jedes Paar Junge und sie flogen als getrennte Gruppen fort, aber wahrscheinlich hatten beide Paare auch Junge vom anderen Paar dabei. Ich denke, dass es keine Rolle spielt, wer die Jungen erzieht, wenn diese Eltern eng miteinander verwandt sind.«

Die Adoption bei Gänsen kann sogar noch erstaunlichere Ausmaße, über die Art hinaus, annehmen. Es kursiert nämlich eine Geschichte über brütende Kanadagänse im Boeremapark in Haren. In ihrem Nest waren unversehens zwei Eier einer Hausgans gelandet. Die jungen Hausgänse wuchsen ganz normal in einer Familie von Kanadagänsen auf, und die Eltern behandelten die beiden, als wären sie ihre eigenen Jungen. Eines der beiden starb irgendwann, mit unbekannter Todesursache, aber das andere wurde zusammen mit den Stiefgeschwistern groß. Und dann kam der Moment, als die Kanadagänse zu einer anderen, besseren Futterstelle aufbrachen. Forschungsergebnisse der letzten Jahre hatten bereits ergeben, dass die Kanadagänse jedes Mal mit ihren Jungen den Boeremapark verlassen, sobald sie die Mauser beendet haben, denn während der Mauser können sie nicht fliegen. Dann ist es Zeit woanders nach ergiebigen Grasflächen zu suchen. Also kam dieser Moment, aber das Hausgans-Junge konnte nicht fliegen. In der ersten Augustwoche flogen alle Kanadagänse weg, und die junge weiße Gans blieb alleine zurück. Laut rufend schwamm sie lange Zeit auf dem Teich umher. Doch einen Tag später schwamm plötzlich eines ihrer Geschwister neben ihr, und gemeinsam setzten sie das Rufen fort. Dann flog das Geschwisterchen wieder weg und am Abend schwammen plötzlich dreizehn Kanadagänse mit dem weißen Adoptivkind auf dem Teich. Das gab einen Höllenlärm. Aber sie konnten es ja schlecht auf dem Rücken mitnehmen und daher flogen sie wieder fort. Glücklicherweise fand das verlassene Gänslein später Anschluss bei den erwachsenen weißen Hausgänsen im Park.

Liebe

Liebe. In diesem einen universellen Konzept gibt es viele Nuancen und jeder hat seine eigene Einstellung dazu. Es ist ein Gefühl, und Gefühle kann man bei Vögeln nur schwer ablesen. Ihre Körper sind vollständig mit Federn bedeckt und in ihren Augen können wir Menschen nur wenig sehen. Wir schauen uns gegenseitig in die Augen und erkennen im Blick des anderen, wie er oder sie sich fühlt. Aber wenn man davon ausgeht, dass Vögel Individuen sind, die persönliche Überlegungen anstellen: Kann man dann automatisch davon ausgehen, dass sie auch Gefühle haben? Ja, sagen viele Biologen, die auf diesem Gebiet bewandert sind. Manche finden, dass es doch offensichtlich ist: »Es sind keine Roboter!« Andere geben zögerlich zu: »Natürlich ist es ein anthropogenes Bild, eine menschliche Interpretation dessen, was wir sehen.« Während ihres Biologiestudiums lernten sie, dass Tiere instinktiv handeln und dass ihre Handlungen auf die Fortpflanzung ausgerichtet sind. Nun gibt es immer mehr Biologen, die davon überzeugt sind, dass Tiere auch Gefühle kennen und manchmal Dinge nur aus Spaß machen. Sie bringen dann auch Beispiele für Beobachtungen, die man nicht anders als mit Gefühlen von Trauer oder Liebe erklären kann. Zuneigung.

Auch mithilfe von Webcams beobachten Biologen und Vogelliebhaber sich gegenseitig kraulende Eulen und Dohlen, die liebevoll das Gefieder des Partners pflegen. Dieses Verhalten kann man durchaus als Zuneigung interpretieren. Auch wenn Dohlen im Gruppenverband fliegen, sind die Paare immer eng zusammen, und am Schlafplatz sitzen sie nebeneinander und reinigen das Federkleid des Partners. Die Gefiederpflege ist überlebenswichtig, denn dabei werden Schmutz, Staub und Parasiten entfernt und das Federkleid wird gut gefettet, sodass es wetter- und windbeständig bleibt. Die Vögel können das auch gut alleine und trotzdem pflegen sie das Gefieder des Partners. Man sieht es auch bei den Waldohreulen: Das ist eine Besonderheit bei diesen Greifvögeln, die töten können, weil es nun einmal Greifvögel sind.

Einerseits gibt es also Beobachtungen und menschliche Interpretationen. Andererseits sind Gefühle aber auch messbar. Ein Gefühl ist ein neurologischer Prozess und der Hormonhaushalt bei verliebten Menschen kann gemessen werden. Aus der Forschung am Menschen wissen wir, dass bestimmte Bereiche des Gehirns aktiviert werden, sobald man bestimmte Gefühle erlebt. Bei Säugetieren wurde dies ebenfalls festgestellt, und bei Zebrafinken wurden kürzlich Studien durchgeführt, deren Ergebnisse aber noch ausstehen. Liebe bei Vögeln ist daher momentan noch nicht messbar. Stresshormone schon. In einem österreichischen Experiment mit Graugänsen entfernte man bei einem Ehepaar einen der Partner. Und was geschah? Bei der verlassenen Gans kam es zu einer sprunghaften Ausschüttung von Stresshormonen und damit zu einem erhöhten Cortisolspiegel. Ein neuer Partner konnte keinen Trost bieten, da die Werte weiterhin erhöht blieben. Erst als der »eigene« Partner wieder auftauchte, sank der Cortisolspiegel wieder. Schlussfolgerung der Forscher: Die Gänse vermissen nicht generell irgendeinen Partner, sondern sie vermissen gezielt ihren Partner.

Also: Wir können Stresshormone messen, wir können Verhaltensweisen unter die Lupe nehmen, aber über die tatsächlichen Gefühle eines Vogels können wir nur Vermutungen anstellen. Viele Wissenschaftler trauen sich das aber nicht. Vogelkundler vom Max-Planck-Institut für Ornithologie wichen etwas vom Trend ab, sie nahmen das Wort »Liebe« in den Mund. Gefühle! Sie führten eine Untersuchung mit 160 Zebrafinken durch, die sie in vier Gruppen zu 20 Männchen und 20 Weibchen aufteilten. In der Gruppe durften sich die Vögel gegenseitig umwerben. Nachdem sie sich für einen Partner entschieden hatten, durfte die Hälfte von ihnen ein Paar bleiben und die andere Hälfte wurde getrennt und separat gehalten. Sie wurden gezwungen, mit einem anderen Partner ein Paar zu bilden. Und was stellte sich heraus? Diese Zwangsehen führten zu dreimal mehr unbefruchteten Eiern als bei den anderen Paaren und es starben mehr Junge. Die Weibchen waren weniger bereit, sich zu paaren, und die Männchen waren weniger bereit, für die Jungen zu sorgen. Ohne Liebe – oder freie Partnerwahl – also weniger Junge.

Der Biologe Jan Beekman erzählt von einem besonderen Erlebnis beim Beringen von Höckerschwänen: »Gefühle bei Vögeln ist ein sehr anthropogener Gedanke, aber ich habe einmal etwas Besonderes erlebt. Eines der Jungen begann bei der Beringung seltsam mit dem Kopf zu wackeln. Es könnte einen Schlaganfall oder Ähnliches erlitten haben. Wir haben es schnell wieder ins Wasser gesetzt, aber es stand nicht gut um das Junge. Es schien halbseitig gelähmt zu sein und versank im Wasser. Die Eltern bemerkten das und schoben ihre Schnäbel unter seinen Kopf, um ihn über Wasser zu halten. Ein schrecklicher, gefühlvoller Moment. Es ist eine ganz besondere Erfahrung mitzuerleben, dass diese Eltern noch viel bestürzter waren als wir. Das Junge hat es letztendlich nicht mehr geschafft.«

Früher dachten wir, alle Vögel seien monogam, aber jetzt wissen wir es besser. Wer weiß, was wir sonst noch nicht wissen.

Dohle

Liebe fürs Leben

Dohlen sind wahrscheinlich die klügsten Vögel hierzulande. Sie können sich selbst im Spiegel erkennen, können bis sieben zählen (und sogar schneller als wir) und haben ein ausgezeichnetes Gedächtnis. Eventuell sind sie auch die treuesten Vögel. Sie leben in Gruppen mit einer komplexen Sozialstruktur und Hierarchie. Die Paare bleiben ein Leben lang zusammen, manchmal bis zu zwanzig Jahre. Sie befinden sich ständig in der Nähe des jeweils anderen. Sie suchen gemeinsam nach Futter, fliegen gemeinsam, ruhen und schlafen gemeinsam. Wenn sie nebeneinander sitzen, pflegen sie oft die Federn des Partners. Eine Besonderheit ist, dass das Männchen dem Weibchen auch außerhalb der Brutzeit gelegentlich Futter anbietet. Es ist Liebe in guten wie in schlechten Zeiten, denn selbst wenn einer von ihnen krank wird oder sich aus irgendeinem Grund nicht paaren kann, bleiben sie trotzdem zusammen.

Scheidung kommt zwar vor, aber hauptsächlich bei jungen, unerfahrenen Dohlen. Wenn die erste Brut erfolglos bleibt, entscheiden sich durchschnittlich 20 Prozent der Paare dafür, sich zu trennen und einen anderen Partner zu suchen. Ab dem dritten Jahr sind die Pärchen streng monogam.

Weil sie ein Leben lang zusammenbleiben, lassen sich Dohlen nicht auf den erstbesten Kandidaten ein. Sie sind sehr wählerisch bei der

Suche nach dem richtigen Partner. Das ist bei ihnen so stark ausgeprägt, dass man Dohlen in Gefangenschaft nicht züchten kann. Und auch in der freien Natur kommt es vor, dass manche Vögel ein Leben lang keinen Partner finden und sich nie paaren.

Bereits im November beginnt die Balz, die rund um die Brutplätze stattfindet. Das Männchen versucht, das von ihm begehrte Weibchen zu beeindrucken, indem es sich mit anderen Männchen streitet. Darüber hinaus zeigt es ein theatralisches, cooles Verhalten. Das Rumgezanke ist vor allem Show, denn Dohlen kämpfen so gut wie

nie. Dann setzt sich der Mann an einen Brutplatz und lockt die Frau mit einem Ruf. Wenn sie interessiert ist, ruft sie zurück und gesellt sich zu ihm. Bei einer Begrüßungszeremonie gibt sie ihr »Jawort«. Ihr ganzes Leben lang werden sie weiterhin denselben Ruf als »ihren« Ruf verwenden.

> *»Ganz eindeutig gebührt der Dohle der erste Preis in der Kategorie Liebe, Zuneigung und starkes Verantwortungsgefühl für den Partner. Ihre öffentlichen Liebesbezeugungen hören nicht auf, wenn die Balz vorbei ist, sondern dauern ihr ganzes Leben lang. Ihre Beziehung vertieft sich immer mehr.«*
>
> Aus: »De kauw (Die Dohle)«, Achilles Cools

Danke

Ich habe dieses Buch nicht allein geschrieben. Es ist das Ergebnis einer fruchtbaren Zusammenarbeit mit dem Verleger Rijnvis Cranenbroek-van Wirdum, für den ich als Dankeschön die Paradiesvögel ins Buch aufgenommen habe. Ich habe den Text geschrieben, aber ohne die wunderschönen Zeichnungen von Stef den Ridder, die Unterstützung meiner lieben Mitleserschaft und die Begeisterung der Vogelmenschen, mit denen ich gesprochen habe, wäre das ein ganz anderes Buch geworden. Vogelmenschen und andere Experten, die sofort mitarbeiten und mitdenken wollten, waren bereit, wertvolle Zeit zu opfern und den Text kritisch zu lesen. Besonderer Dank gilt Annemieke Enters und Wim van Nee (STORK), Berend Voslamber, Ronald van Harxen (STONE), Jan Beekman, Ton Eggenhuizen, Hay Wijnhoven, Wim Tijsen, Jelle Harder, Gerard Müskens und Charlotte Vermeulen (ARTIS). Danke auch an Jip Louwe Kooijmans für das schöne Vorwort und den Zugang zu den Tausenden von Vogelbüchern in der Bibliothek der niederländischen Organisation für Vogelschutz (Vogelbescherming Nederland) und die Herstellung der Kontakte zu den entsprechenden Vogelarten-Experten. Dank an Arjan Berben (Vogelschutz Niederlande), der mir eines Tages einen Artikel schickte über Fernbeziehungen bei Felsenpinguinen mit der Frage: »Ist das etwas für einen kurzen Artikel für die Tier-News in *Vogels Junior!?«* Aus diesem »kurzen Artikel« wurden ein Leitartikel und neun Monate später ein Buch (@Arjan: Artikel und Ideen sind immer noch willkommen). Dank an diejenigen, die ich nicht namentlich erwähnt habe und die ebenfalls einen Beitrag geliefert haben, in Form von Informationen, Inspiration, Umarmungen oder weil sie ein offenes Ohr für mich hatten.

Elvira Werkman

> *»Wir dürfen wohl behaupten, dass wir einen großen Teil unserer Lebensfreude den Vögeln verdanken, und wenn wir sie missen müssten, würden uns das Meer und die Wälder, die Dämmerung, der Wechsel der Jahreszeiten lange nicht so schön erscheinen wie heute. Kein Wunder also, dass die Liebe zu den Vögeln jedem Menschen angeboren ist.«*
>
> Jac. P. Thijsse, Het Vogelboekje, 1912

Die Autorin

Seit sie mit zwölf Jahren das Fernglas ihres Großvaters bekam, um Gänse zu beobachten, begeistert sich die wissenschaftliche Journalistin und Schriftstellerin **Elvira Werkman** für die Vogelwelt. Sie durchstreift gerne die Natur, um den Kopf frei zu bekommen oder aufzutanken, um zu bewundern und um sich zu wundern.

Literaturhinweise

David Attenborough: **Attenborough's Birds of Paradise,** Episode 1, Prime Video

Bruce Bagemihl: **Biological exuberance,** Animal Homosexuality and Natural Biodiversity, St. Martin's Press

Lydia Barkema und Tjitte Osinga: **Een bijzondere ontdekking bij beklimming van buizerd-nest Buteo buteo:** zes jongen en drie ouders, Zeitschrift »De Takkeling« 23(3), 2015

Johan Bos und Theo van Kooten: **Broedzorgdeling van twee sperwervrouwtjes,** *Accipiter nisus,* (Broodsharing of two female Sparrowhawks Accipiter nisus), Zeitschrift »Limosa« 66 (4), 1993

Rob G. Bijlsma: **Korte bijdragen,** De populatiegroei van de Turkse Tortel *Streptopelia decaocto* in Nederland, Zeitschrift »Limosa« 61 (1), 1988

Achilles Cools: **De kauw,** Verlag Atlas Contact

Nick B. Davies: **De koekoek,** Verlag Atlas Contact

Nick B. Davies: **Dunnock behaviour and social evolution,** Oxford University Press

Simon C. Griffith, Ian P. F. Owens und Katherine A. Thuman: **Extra pair paternity in birds:** a review of interspecific variation and adaptive function, Zeitschrift »Molecular Ecology«, 2002 (11), Blackwell Science Ltd.

Allan Liosi: **Drie torenvalken voeren één nest met jongen?,** Zeitschrift »Op het Vinkentouw«, Nr. 87, 1998, Vogeltrekstation, Centrum voor vogeltrek en -demografie

Geoff R. McFarlane, Simon P. Blomberg und Paul L. Vasey: **Homosexual behaviour in birds:** frequency of expression is related to parental care disparity between the sexes, Zeitschrift »Animal Behaviour« Vol. 80 (3), 2010, Elsevier Ltd.

Frederick Open Morris: **A History of British Birds,** Groombridge & Sons (antiquarisch erhältlich)

John James Peereboom: **Journaal,** Zeitschrift »Maatstaf«, Jahrgang 29 (10), 1981

Hay Wijnhoven: **De merel,** Verlag Atlas Contact

Zum Weiterlesen

Carl'Antonio Balzari, Roland Graf, Thomas Griesohn-Pflieger, Andreas Gygax, Robert Lücke: **Vogelarten Deutschlands, Österreichs und der Schweiz,** Haupt Verlag

Hans-Heiner Bergmann, Uwe Westphal: **Welcher Vogel singt denn da?,** Verlag Quelle & Meyer

Lars Gejl: **Die Watvögel Europas,** Haupt Verlag

Lars Gejl: **Europas Greifvögel,** Haupt Verlag

Klaus Richarz: **Vögel in der Stadt,** pala-verlag

Christopher Schmidt: **Die Kraniche der Welt,** pala-verlag

Christopher Schmidt: **Strandläufer,** Verlag Natur in Buch und Kunst

Uwe Westphal: **Das große Buch der Gartenvögel,** pala-verlag

Uwe Westphal: **Mehr Platz für den Spatz!,** pala-verlag

Uwe Westphal: **Schräge Vögel,** pala-verlag

Peter Wohlleben: **Die Gefühle der Tiere,** pala-verlag

Für Vogelgucker

Uwe Westphal:
Das große Buch der Gartenvögel
ISBN: 978-3-89566-375-8

Uwe Westphal:
Schräge Vögel
ISBN: 978-3-89566-342-0

Uwe Westphal:
Mehr Platz für den Spatz!
ISBN: 978-3-89566-353-6

Christopher Schmidt:
Die Kraniche der Welt
ISBN: 978-3-89566-410-6

Klaus Richarz:
Vögel in der Stadt
ISBN: 978-3-89566-343-7

Peter Wohlleben:
Kranichflug und Blumenuhr
ISBN: 978-3-89566-384-0

Werner David:
Fertig zum Einzug:
Nisthilfen für Wildbienen
ISBN: 978-3-89566-358-1

Michael Altmoos:
Der Moosgarten
ISBN: 978-3-89566-387-1

Lebensräume schaffen

Sigrid Tinz:
Haufenweise Lebensräume
ISBN: 978-3-89566-389-5

Dirk A. Diehl:
Ein Garten für Fledermäuse
ISBN: 978-3-89566-311-6

Farina Graßmann:
Wunderwelt Totholz
ISBN: 978-3-89566-401-4

Ulrike Aufderheide:
Tiere pflanzen
ISBN: 978-3-89566-388-8

Noch mehr vom pala-verlag

Nina Dittmann:
Wachteln im Garten
ISBN: 978-3-89566-391-8

Peter Wohlleben:
Die Gefühle der Tiere
ISBN: 978-3-89566-364-2

Silke Braemer:
Auf Augenhöhe mit Hühnern
ISBN: 978-3-89566-397-0

Erhard Maria Klein:
Die Bienenkiste
ISBN: 978-3-89566-309-3

Gesamtverzeichnis bei:
pala-verlag, Rheinstraße 35, 64283 Darmstadt, www.pala-verlag.de

Die niederländische Originalausgabe ist erschienen
unter dem Titel »Vogels en de Liefde«

Veröffentlicht durch Vermittlung von Marlene Sturm Rights Agent
(www.sturmrights.com)

ISBN: 978-3-89566-409-0

Rheinstraße 35, 64283 Darmstadt
www.pala-verlag.de

Übersetzung aus dem Niederländischen: Stephanie Wloch
Zitat auf Seite 75 aus dem Englischen übersetzt von:
Irmela Erckenbrecht
Titelbild und Innenillustrationen: Stef den Ridder

Lektorat: Barbara Reis

Satz und Gestaltung:
Die Werkstatt-Medien Produktion GmbH, Göttingen
www.werkstatt-produktion.de

Druck und Bindung:
Beltz Grafische Betriebe GmbH, Bad Langensalza
www.beltz-grafische-betriebe.de
Printed in Germany

Gedruckt auf
100% Recyclingpapier